Michael Wehber

Thermische Eigenschaften von Spinellen als Funktion des Druckes

Michael Wehber

Thermische Eigenschaften von Spinellen als Funktion des Druckes

Eine Synchrotron-Studie

Südwestdeutscher Verlag für Hochschulschriften

Imprint

Any brand names and product names mentioned in this book are subject to trademark, brand or patent protection and are trademarks or registered trademarks of their respective holders. The use of brand names, product names, common names, trade names, product descriptions etc. even without a particular marking in this work is in no way to be construed to mean that such names may be regarded as unrestricted in respect of trademark and brand protection legislation and could thus be used by anyone.

Publisher:
Südwestdeutscher Verlag für Hochschulschriften
is a trademark of
Dodo Books Indian Ocean Ltd., member of the OmniScriptum S.R.L Publishing group
str. A.Russo 15, of. 61, Chisinau-2068, Republic of Moldova Europe
Printed at: see last page
ISBN: 978-3-8381-2555-8

Zugl. / Approved by: Berlin, FU, Diss., 2010

Copyright © Michael Wehber
Copyright © 2011 Dodo Books Indian Ocean Ltd., member of the OmniScriptum S.R.L Publishing group

Inhaltsverzeichnis

1. **Zusammenfassung** — 1

2. **Einleitung** — 5
   - 2.1. Spinelle — 5
   - 2.2. Synchrotronstrahlung — 9
   - 2.3. Röntgenbeugung — 10
   - 2.4. Bestimmung des Beugungswinkels — 12
   - 2.5. Fehlerbetrachtung — 12
   - 2.6. Brillouin-Streuung — 13
   - 2.7. Akustische Wellen — 14
   - 2.8. Elastische Eigenschaften — 16
   - 2.9. p-V-Zustandsgleichungen — 18
   - 2.10. Thermische Ausdehnung — 22

3. **Experimentelles** — 25
   - 3.1. Proben-Spinelle — 25
   - 3.2. Proben-Vorbereitung — 26
   - 3.3. F2.1 und W2 Beamline — 27
   - 3.4. Temperaturmessung — 29
   - 3.5. Druckmessung — 30
     - 3.5.1. Druckmessung in der Multi-Anvil-Presse — 30
     - 3.5.2. Druckmessung in der Diamantstempelzelle — 31
   - 3.6. MAX80 — 33
     - 3.6.1. Kalibrierung des Canberra-Detektors — 34
     - 3.6.2. Aufbau der Hochdruckzelle MAX80 — 35
     - 3.6.3. Durchführung eines Hochdruck-/Hochtemperaturexperimentes — 37
   - 3.7. MAX200x — 40
     - 3.7.1. Kalibrierung des Ortec-Detektors — 41
     - 3.7.2. Aufbau der Hochdruckzelle MAX200x — 42
     - 3.7.3. Durchführung eines Hochdruckexperimentes — 46
     - 3.7.4. Durchführung eines Hochdruck-/Hochtemperaturexperimentes — 47
   - 3.8. Rietveld-Methode — 49
   - 3.9. Brillouin-Experimente — 51
     - 3.9.1. Diamantstempelzellen — 51

3.9.2.	Vorbereitung des Experiments	51
3.9.3.	Aufbau des Experiments	52
3.9.4.	Durchführung des Experiments	54
3.9.5.	Auswertung der Brillouin-Spektren	56

4. Ergebnisse 58
    4.1. Ergebnisse der Hochdruckexperimente 59
    4.2. Ergebnisse der Hochdruck-/Hochtemperaturexperimente 62
    4.3. Ergebnisse der Brillouin-Streuungs-Experimente 69

5. Diskussion 71
    5.1. Diskussion der Hochdruckergebnisse 71
        5.1.1. Magnetit 71
        5.1.2. Franklinit 72
        5.1.3. Gahnit 72
    5.2. Systematik der Kompressionsmodule von Spinellen 73
    5.3. Diskussion der Hochdruck-/Hochtemperaturergebnisse 76
    5.4. Diskussion der Brillouin-Experimente 84

6. Ausblick 89

Literaturverzeichnis 90

A. Verwendete Symbole 98

1. Zusammenfassung

Spinelle spielen sowohl in geowissenschaftlicher Hinsicht als auch in technischen Anwendungen eine wichtige Rolle. So besteht der Großteil der Übergangszone zwischen dem oberen und unteren Erdmantel aus Wadsleyit und Ringwoodit, zwei Mineralen, die in der Spinellstruktur kristallisieren. In der Industrie sind hauptsächlich Ferritspinelle aufgrund ihrer magnetischen Eigenschaften von Bedeutung, aber auch aluminium- und magnesiumführende Spinelle werden in der Feuerfest-Industrie benötigt.

Spinelle bilden eine große Mineralgruppe mit der allgemeinen Formel AB_2X_4, wobei A für zweiwertige und B für dreiwertige Kationen steht. Die X-Position wird vorwiegend von Sauerstoff besetzt. Spinelle kristallisieren in der kubischen Raumgruppe $Fd\overline{3}m$ (Nr. 227). In einer Elementarzelle befinden sich acht Formeleinheiten. Die 32 Anionen bilden eine kubisch dichteste Kugelpackung, zwischen den Anionen befinden sich sechzehn Oktaederlücken und acht Tetraederlücken.

Die Strukturen von drei Spinellen, Magnetit ($Fe^{2+}Fe_2^{3+}O_4$), Franklinit ($Zn^{2+}Fe_2^{3+}O_4$) und Gahnit ($Zn^{2+}Al_2^{3+}O_4$) wurden als Funktion von Temperatur und Druck am Hamburger Synchrotronstrahlungslabor (im folgenden HASYLAB genannt) untersucht. Es wurden energiedisperive Pulver-Röntgenbeugungs-Experimente an zwei verschiedenen Multi-Anvil-Pressen durchgeführt. An der MAX80 (F2.1 Beamline) wurden isotherme Experimente in einem Druckbereich bis 5 GPa und Temperaturen von 298, 500, 700, 900 und 1100 K durchgeführt. An der MAX200x (W2 Beamline) wurden die Spinelle bis 15 bzw. 16 GPa untersucht.

Ergebnisse der Röntgenbeugungs-Experimente. K_T ist das isotherme Kompressionsmodul, berechnet mit der Zustandsgleichung von Birch-Murnaghan zweiter (2nd) bzw. dritter (3rd) Ordnung. K' ist die Ableitung des Kompressionsmoduls nach dem Druck, α_0 der thermische Ausdehnungskoeffizient, berechnet mit $V(T) = V_{T_R}exp[\alpha_0(T-T_R)]$ und γ_{th} der thermische Grüneisenparameter.

Spinell	$K_T\ 2^{nd}$ [GPa]	$K_T\ 3^{rd}$ [GPa]	K'	α_0 [K^{-1}]	$m = d\alpha_r/dp$ [KGPa]$^{-1}$	γ_{th}
Magnetit	187(6)	184(7)	4,5(2)	$39,0 \cdot 10^{-6}$	$-2,2 \cdot 10^{-6}$	1,16
Franklinit	180(5)	178(6)	4,6(4)	$27,5 \cdot 10^{-6}$	$-1,7 \cdot 10^{-6}$	0,83
Gahnit	207(7)	204(9)	4,9(6)	$31,2 \cdot 10^{-6}$	$-3,0 \cdot 10^{-6}$	1,39

Die Auswertung der Beugungsspektren erfolgte mit der Rietveld-Methode. Aus den Druck-/Volumendaten wurde mit Hilfe der Birch-Murnaghan Zustandsgleichung zweiter und dritter Ordnung das isotherme Kompressionsmodul berechnet, mit den zusätzlichen Temperaturdaten

1. Zusammenfassung

wurde die thermische Ausdehnung bei unterschiedlichen Drücken sowie der thermische Grüneisenparameter bestimmt. Damit lässt sich das Volumen als Funktion von Druck und Temperatur mit folgender Gleichung berechnet:

$$V(p,T) = V_0 \left(\frac{4}{K_T}p + 1\right) exp\left[(mp + \alpha_0) \cdot \Delta T\right]$$

Am Deutschen GeoForschungsZentrum wurden die anisotropen elastischen Module an einem Gahnit Einkristall der gleichen Probencharge mit Brillouin-Streuung untersucht. In einem Druckbereich bis 21,4 GPa wurden die Geschwindigkeiten der Kompressions- und Scherwellen in einer Diamantstempelzelle gemessen. Daraus wurden mit Hilfe der Christoffelgleichung die elastischen Eigenschaften C_{11}, C_{12}, C_{44} berechnet und das adiabatische Kompressionsmodul K_S bestimmt. Bei Raumdruck ergaben sich folgende Werte: C_{11} = 295 GPa, C_{12} = 163 GPa, C_{44} = 139 GPa und K_S=207 GPa. C'_{11} und C'_{12}, die Änderung der Module mit dem Druck, besitzen bis zu einem Druck von 15 GPa ähnliche Werte (3,9 bzw. 4,2), während C'_{44} einen deutlich geringeren Wert von 0,6 aufweist. Oberhalb von 15 GPa steigen die Werte für C'_{11} und C'_{12} deutlich an (19,5 bzw. 16,8), während C'_{44} eine negative Steigung (-3,4) aufweist. Die Änderung der elastischen Eigenschaften deutet auf einen Phasenübergang hin. Bei Raumtemperatur wird die Phasenumwandlung von Gahnit bei ca. 15 GPa beobachtet. Diese besitzt vermutlich eine positive Clapeyron-Steigung. Erste Hinweise deuten darauf hin, dass die Umwandlung eine negative Entropie bei einer negativen Volumenänderung besitzt, wenn die Phasenumwandlung von niederen zu höheren Drücken durchlaufen wird. Es notwendig, weitere Untersuchungen an Gahnit durchzuführen, um die Natur dieses Phasenübergang zu charakterisieren. Bei Magnetit ist die Curie-Temperatur sowohl durch eine Volumenänderung als auch durch eine Änderung der temperaturabhängigen Kompressionsmodule zu erkennen. Unterhalb der Curie-Temperatur ist das Kompressionsmodul von Magnetit durch zusätzliche magnetische Wechselwirkungen höher als oberhalb. Bei Temperaturerhöhung wird die Curie-Temperatur durch eine Volumenzunahme bei Wegfall der zusätzlichen magnetischen Momente beobachtet.

Abstract

Spinels play important roles in geosciences as well as in technical applications. About 65 % of the transition zone between Earth's upper and lower mantle consists of wadsleyite and ringwoodite, both minerals adopting the spinel structure. In industry, foremost ferritic spinels due to their magnetic properties are used, but also aluminum- and magnesium-bearing spinels are required in refractory industries.

Spinels are a large mineral group with the general formula AB_2X_4. A stands for divalent and B for trivalent cations, X is mostly occupied by oxygen. Spinels crystallize in the cubic space group $Fd\overline{3}m$ (No. 227). There are eight formula units in each unit cell. The anions form a cubic closest packing with sixteen octahedral and eight tetrahedral vacancies.

Magnetite ($Fe^{2+}Fe_2^{3+}O_4$), franklinite ($Zn^{2+}Fe_2^{3+}O_4$) and gahnite ($Zn^{2+}Al_2^{3+}O_4$), all three adopting the spinel structure, were investigated at the HASYLAB. The experiments were carried out at MAX80 (F2.1 Beamline) and at MAX200x (W2 Beamline). Both presses use energy-dispersive X-ray diffraction. Isothermal experiments were performed up to 15 GPa, compression experiments using MAX80 apparatus were conducted up to 5 GPa at temperatures of 298, 500, 700, 900 and 1100 K.

Results of the X-ray diffraction experiments. K_T is the isothermal bulk modulus, calculated with the second (2nd) and third (3rd) order Birch-Murnaghan equation of state. K' is the pressure derivative of the bulk modulus, α_0 the thermal expansion coefficient calculated with $V(T) = V_{T_R} exp\left[\alpha_0 (T - T_R)\right]$ and γ_{th} the thermal Grüneiserparameter.

Spinel	K_T 2nd [GPa]	K_T 3rd [GPa]	K'	α_0 [K^{-1}]	$m = d\alpha/dp$ [$KGPa]^{-1}$	γ_{th}
magnetite	187(5)	184(7)	4.5(2)	$39.0 \cdot 10^{-6}$	$-2.2 \cdot 10^{-6}$	1.16
franklinite	180(5)	178(6)	4.6(4)	$27.5 \cdot 10^{-6}$	$-1.7 \cdot 10^{-6}$	0.83
gahnite	207(4)	204(9)	4.9(6)	$31.2 \cdot 10^{-6}$	$-3.0 \cdot 10^{-6}$	1.39

The data were evaluated using Rietveld-refinement. The bulk moduli for each sample were calculated using the second and third order Birch-Murnaghan equation of state, respectively. In addition, the thermal expansion and thermal Grüneisenparameter were calculated from the high-pressure/high-temperature data. With these data it is possible to calculate the volume of the unit-cell depending on pressure and temperature using the following equation:

$$V(p, T) = V_0 \left(\frac{4}{K_T}p + 1\right) exp\left[(mp + \alpha_0) \cdot \Delta T\right]$$

1. Zusammenfassung

At the GFZ German Research Center for Geosciences a single crystal of the same gahnite sample was investigated using Brillouin-scattering. The velocities of the p- and s-waves were measured up to 21.4 GPa in a diamond anvil cell. The elastic constants were derived using the Christoffel equation. The following values were found at room pressure: $C_{11} = 295$ GPa, $C_{12} = 163$ GPa, $C_{44} = 139$ GPa and $K_S = 207$ GPa. The pressure derivatives C'_{11} and C'_{12} have similar values up to 15 GPa (3.9 and 4.2), whereas C'_{44} shows a clearly lower value of 0.6. Above 15 GPa the values for C'_{11} and C'_{12} increases to 19.5 and 16.8, while C'_{44} (-3.4) changed to a negative slope. This behavior indicates a phase-transition. At room temperature it was observed at about 15 GPa. It has probably a positive Clapeyron-slope. There is first evidence that the transition has a negative entropy and a negative volume change, if the transition is passed from low to high pressure. More specified investigations of gahnite are necessary to verify this transition to get a better understanding of the phase transition behavior. The Curie-temperature of magnetite is observed in volume change as well as in a change of the temperature-dependent bulk moduli. Below the Curie temperature, the bulk modulus of magnetite is higher due to magnetic interactions than above. The Curie temperature is observed during increasing temperature in an increase in volume due to the disappearance of the magnetic momentums.

2. Einleitung

2.1. Spinelle

Das namensgebende Mineral *Spinell* ist ein Magnesium-Aluminium-Oxid mit der chemischen Formel $MgAl_2O_4$. Der Name leitet sich aus dem Griechischen ab und bedeutet *funkeln*, was sich auch in der Verwendung des Spinells als Schmuckstein widerspiegelt. So ist der *Black Prince's Ruby* (Abbildung 1) auf der Imperial State Crown, welche Teil der Englischen Kronjuwelen ist, in Wirklichkeit ein roter Spinell.

Abbildung 1: Die Imperial State Crown mit dem Black Prince's Ruby, einem roten Spinell, welcher zuerst fälschlicherweise als Rubin deklariert wurde (Bild aus [1]).

Spinelle bilden eine Mineralgruppe mit der allgemeinen Formel AB_2X_4, wobei A für zweiwertige Kationen und B für dreiwertige Kationen steht. Die X-Position wird in der Natur vorwiegend von Sauerstoff besetzt, möglich sind aber auch Schwefel oder Stickstoff, in seltenen Fälle Selen, Tellur oder Fluor. Natürliche Spinelle treten häufig in der Erdkruste und im oberen Erdmantel auf. Bis heute sind über einhundert Verbindungen bekannt, die in der Spinellstruktur kristallisieren. Abhängig vom dreiwertigen Kation unterscheidet man zwischen der Spinell-Gruppe (Aluminium), der Magnetit-Gruppe (Eisen) und der Chromit-Gruppe (Chrom). Tabelle 1 zeigt die wichtigsten Minerale der jeweiligen Gruppen.

2.1. Spinelle

Tabelle 1: Wichtige Minerale der Spinellgruppe, abhängig vom trivalenten Kation [2]. Die im Rahmen dieser Arbeit untersuchten Spinelle sind grau hinterlegt.

	Aluminatspinelle	Ferritspinelle	Chromitspinelle
Mg	Spinell	Magnesioferrit	Magnesiochromit
Fe^{2+}	Hercynit	Magnetit	Chromit
Zn	Gahnit	Franklinit	
Mn	Galaxit	Jakobsit	

Spinelle kristallisieren in der kubischen Raumgruppe Fd$\bar{3}$m (Nr. 227) (Abbildung 2). In einer Elementarzelle befinden sich acht Formeleinheiten, die 32 Anionen bilden eine kubisch dichteste Kugelpackung. Zwischen den Anionen befinden sich sechzehn Oktaederlücken und acht Tetraederlücken.

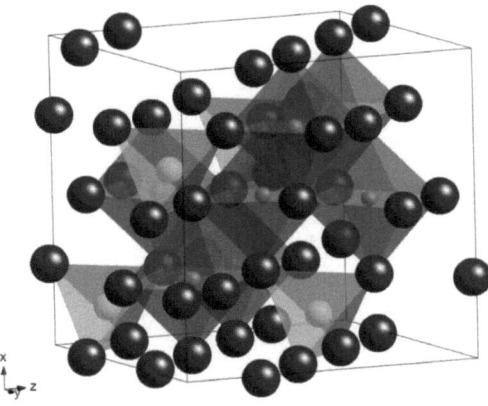

Abbildung 2: Die Spinellstruktur. Die Sauerstoffatome (Kugeln, zur Übersichtlichkeit verkleinert dargestellt) bilden eine kubisch dichteste Kugelpackung. Es entstehen sechzehn Oktaederlücken und acht Tetraederlücken (hervorgehoben).

Abhängig von der Besetzung der Oktaeder- und Tetraederlücken unterscheidet man zwischen *normalen* und *inversen* Spinellen. Bei den normalen Spinellen sind ein Achtel der Tetraederlücken (A-Position) mit zweiwertigen Kationen und die Hälfte aller Oktaederlücken (B-Position) mit dreiwertigen Kationen besetzt. Die zweiwertigen Kationen sind so verteilt, dass diese die

2.1. Spinelle

Positionen einer Diamantstruktur einnehmen. Bei inversen Spinellen sind die A-Positionen zur Hälfte mit dreiwertigen Kationen besetzt, während die die B-Positionen mit den restlichen dreiwertigen Kationen und den zweiwertigen Kationen besetzt sind.

Die kubisch-flächenzentriert angeordneten Anionen besetzen die spezielle Lage (u, u, u). Diese Lage wird durch den Anionenparameter u beschrieben, der für das ideale Spinellgitter den Wert 0,375 annimmt. Durch Verzerrungen im Sauerstoffgitter schwankt dieser Wert. Steigt der Wert des Anionenparameters, vergrößern sich die Tetraederlücken, die Oktaederlücken verkleinern sich und erfahren eine trigonale Verzerrung. Der Grund dieser Verzerrungen sind verschiedene Größenverhältnisse der Kationen auf den A- und B-Positionen [3, 4, 5].

In den Geowissenschaften spielen Spinelle eine wichtige Rolle. Sie bilden eine große Mineralgruppe in der Übergangszone zwischen dem oberen und unteren Erdmantel welche sich in einer Tiefe zwischen 410 km und 660 km befindet (Abbildung 3).

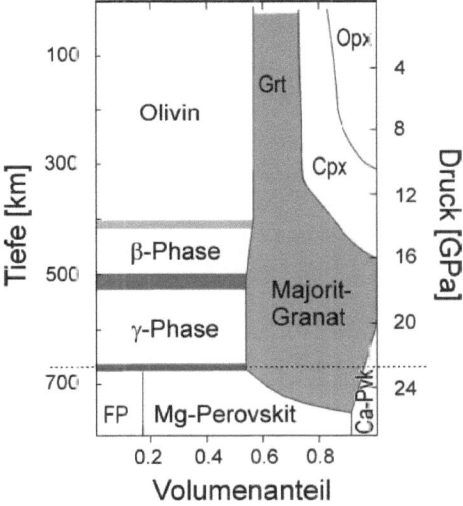

Abbildung 3: Phasendiagramm des Erdmantels nach Ringwood [6]. In der Übergangszone zwischen 410 km und 660 km wandelt sich Olivin zuerst in Wadsleyit (β-Spinell) und dann zu Ringwoodit (γ-Spinell) um. Unterhalb von 660 km zerfällt Ringwoodit in Ferroperiklas und Magnesium-Perovskit.

Der obere Erdmantel besteht zu 60 - 65 % aus Olivin ((Mg,Fe)$_2SiO_4$) [7]. Olivin ist ein Mischkristall mit den Endgliedern Forsterit (Fe^{2+}) und Fayalit (Mg^{2+}) und kristallisiert in einem orthorhombisches Kristallgitter. In einer Tiefe von 410 km durchläuft der Olivin eine Phasen-

2.1. Spinelle

umwandlung zu dem ebenfalls orthorhombischen Wadsleyit (β-Mg$_2$SiO$_4$) [8, 9, 10]. Im Wadsleyit bilden die Sauerstoff-Atome eine leicht verzerrte kubisch dichteste Kugelpackung. Die a-Achse des Wadsleyit entspricht der Hälfte einer Raumdiagonalen der Spinellstruktur, die b-Achse ist mit der anderen Raumdiagonalen verknüpft. Die c-Achse des Wadsleyit entspricht der c-Achse der Spinellstruktur und kann deshalb als verzerrte Spinellstruktur beschrieben werden [11]. In einer Tiefe von 550 km wandelt sich Wadsleyit zu Ringwoodit um, welcher in einer Spinellstruktur kristallisiert [8, 9]. Unterhalb einer Tiefe von 660 km zerfällt Ringwoodit in Ferroperiklas ((Mg,Fe)O) und Magnesium-Perovskit ((Mg,Fe)SiO$_3$) [12, 13]. Diese Übergänge sind geophysikalisch zu beobachten, da in diesen Tiefen die Geschwindigkeiten der seismischen Wellen deutliche Sprünge aufweisen [14]. Diese werden durch abrupte Änderungen der Dichte und elastischen Eigenschaften hervorgerufen, welche ihre Ursache in Phasenübergängen haben, die zu einer Erhöhung der Koordinationszahl *KZ* von Silizium (niedriger Druck: *KZ*= 4, hoher Druck: *KZ*= 6) und damit einhergehender dichterer Kristallstruktur führt [15, 16].

In technischen Anwendungen spielen Spinelle eine große Rolle:

- Ferrite, zu denen unter anderem Magnetit (Fe$_3$O$_4$, auch *Magneteisenstein* genannt) zählt, werden aufgrund ihrer ferrimagnetischen Eigenschaften in technischen Anwendungen eingesetzt. Bereits seit dem elften Jahrhundert wurden in China Kompassnadeln benutzt, die aus Magnetit hergestellt wurden. In modernen technischen Anwendungen kommen Ferrite als magnetisches Speichermedium zum Einsatz, aber auch in Generatoren und Elektromotoren werden sie verwendet.

- Aluminium- und magnesiumführende Spinelle werden in der Feuerfest-Industrie als Ofenauskleidungen in Hochöfen eingesetzt.

- Weitere Verwendung finden Stoffe mit Spinellstruktur in Farben, zum Beispiel *Thénards Blau* (CoAl$_2$O$_4$).

- Synthetische Spinelle finden Anwendung als neue superharte Verbindungen (γ-Si$_2$AlON$_4$).

- Der namensgebende Spinell wird als Schmuckstein verwendet.

Diese Arbeit beschäftigt sich mit den thermoelastischen Eigenschaften verschiedener Spinelle, untersucht wurden Magnetit (FeFe$_2$O$_4$) und Franklinit (ZnFe$_2$O$_4$) aus der Gruppe der Ferritspinelle, sowie Gahnit (ZnAl$_2$O$_4$) aus der Gruppe der Aluminatspinelle. Diese natürlich vorkommenden Spinelle wurden ausgewählt, da sie sukzessive weniger Eisen enthalten. Daher war es möglich, den Einfluss von Eisen auf die thermoelastischen Eigenschaften systematisch untersuchen zu können. Es wurden Hochdruck-/Hochtemperaturexperimente mit der MAX80 und der MAX200x am HASYLAB durchgeführt. Beide Anlagen sind für energiedispersive Röntgenbeugungsexperimente an Pulvern ausgelegt. Ziel der Arbeit ist es, die Druckabhängigkeit der thermischen Ausdehnung $\alpha(p)$ und das Kompressionsmodul $K(p,T)$ bei unterschiedlichen Temperaturen zu bestimmen.

2.2. Synchrotronstrahlung

Synchrotronstrahlung ist elektromagnetische Strahlung, die durch die Beschleunigung geladener Teilchen, zum Beispiel beim Betrieb von Kreisbeschleunigern und Speicherringen entsteht. Zur gezielten Erzeugung von Synchrotronstrahlung werden elektrisch geladene Teilchen (Elektronen, Positronen) im Hochvakuum auf annähernd Lichtgeschwindigkeit beschleunigt und dann in Speicherringen mit Hilfe von Elektromagneten auf eine Kreisbahn gezwungen. Die so zugeführte Energie geben die geladenen Teilchen in Form von elektromagnetischer Strahlung (Synchrotronstrahlung) in überwegend tangentialer Richtung wieder ab. Die emittierte Strahlung besitzt ein kontinuierliches Wellenlängenspektrum, welches am HASYLAB vom Infrarotbereich bis zur harten Röntgenstrahlung genutzt werden kann.

Gegenüber der Röntgenstrahlung, die entsteht, wenn Elektronen an massiven Anoden (z.B. aus Kupfer, Molybdän) abgebremst werden, besitzt Synchrotronstrahlung einige Vorteile. Die Intensität der Synchrotronstrahlung ist um mehrere Größenordnungen höher als die der herkömmlichen Röntgenröhren. Aus dem breiten Spektrum der Strahlung kann die für das Diffraktions-Experiment optimale Wellenlänge mittels eines Monochromators gewählt oder das gesamte Spektrum für energiedispersive Beugung verwendet werden. Der Nachteil von monochromatischer Synchrotronstrahlung ist die geringe Intensität, da mehr als 98 % der Wellenlängen und somit über 98 % der Intensitäten ausgeblendet werden. Trotz dieses Intensitätsverlustes ist die monochromatische Synchrotronstrahlung immer noch um mehrere Größenordnungen intensiver als die monochromatische Röntgenstrahlung aus konventionellen Röntgengenratoren. Dadurch ist es möglich, die „Belichtungszeiten" der Experimente zu verkürzen, Messungen an Proben mit geringem Streuvermögen durchzuführen und stark absorbierende Aufbauten zu durchstrahlen. Zudem besitzt der Strahl eine starke Bündelung mit einer vertikalen Divergenz im Bereich von 0,01 °. Dieses bedeutet, dass der Strahl sich um 0,2 mm auf einer Länge von einem Meter aufweitet.

Am HASYLAB werden Positronen verwendet, da diese seltener mit residualem Gas im Beschleuniger reagieren als Elektronen und somit eine längere Lebensdauer der freien Teilchen erreicht wird. Die Positronen werden in mehreren Vorbeschleunigern und im Synchrotron auf

2.3. Röntgenbeugung

eine Energie von 4,45 GeV gebracht, bevor sie in den Speicherring DORIS injiziert werden. Der anfängliche Strahlstrom beträgt maximal 140 mA. Die Positronen durchlaufen DORIS in gebündelten Paketen, den sogenannten Bunches. In einem Bunch befinden sich etwa 10^{10} Positronen. Im normalen Messbetrieb befinden sich 5 Bunches in dem knapp 290 m langen Speicherring. Das bedeutet, dass die Synchrotronstrahlung in sehr kurzen Blitzen abgegeben wird, zwischen denen im 5 Bunch-Betrieb jeweils 192 ns liegen. Optional ist es möglich, den Ring mit 2 Bunches zu betreiben, um beispielsweise Time-of-Flight Messungen durchzuführen. Dies wird jedoch sehr selten genutzt, da durch die Reduktion der Anzahl der Bunches die Intensität abnimmt. Durch Kollisionen mit residualem Gas im Speicherring und durch die Ablenkung an den Elektromagneten und der damit resultierenden Aussendung von Synchrotronstrahlung nimmt die Anzahl der Positronen ab, so dass der Strahlstrom kontinuierlich abnimmt. Alle acht Stunden werden daher neue Positronen-Bunches injiziert. Abbildung 4 zeigt einen typischen Verlauf des Strahlstromes innerhalb von 24 Stunden mit drei Injektionen von Positronen.

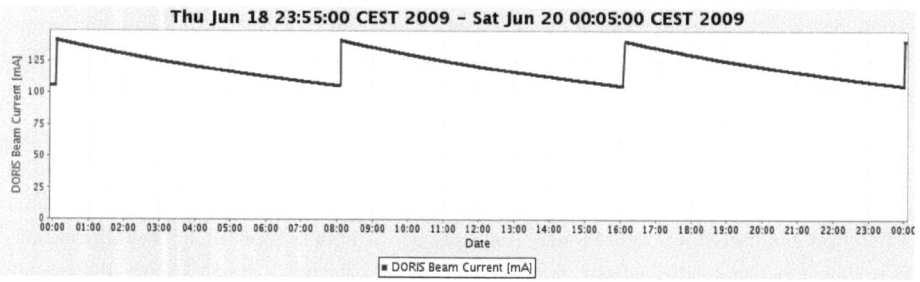

Abbildung 4: Typischer Verlauf des Strahlstromes im DORIS III Speicherring.

2.3. Röntgenbeugung

Wenn eine kristalline Probe mit Röntgenstrahlen durchstrahlt wird, ergibt sich ein charakteristisches Beugungsbild, welches abhängig ist von den Gitterkonstanten und somit den Netzebenenabständen d der Probe, der Wellenlänge λ der Röntgenstrahlung und des Beugungswinkels θ. Den Zusammenhang zwischen diesen Größen beschreibt die Bragg-Gleichung:

$$\lambda = 2d \sin \theta \qquad (1)$$

2.3. Röntgenbeugung

Es werden zwei unterschiedliche Beugungsmethoden unterschieden, winkeldispersive und energiedispersive Röntgenbeugung.

Bei der winkeldispersiven Röntgenbeugung wird eine feste Wellenlänge λ der Röntgenstrahlung mittels eines Monochromators eingestellt (z. B. λ=1.5413 Å für Kupfer K_α-Strahlung) und die Beugungswinkel der Reflexe gemessen.

Bei der energiedispersiven Röntgenbeugung wird die Probe mit polychromatischer Röntgenstrahlung untersucht und die Beugungsbilder werden unter einem festen Winkel θ_0 gemessen. Für diese Beugungsmethode rechnet man mit der Bragg-Gleichung in Energien anstatt in Wellenlängen. Mit dem planckschen Wirkungsquantum h und der Lichtgeschwindigkeit c lässt sich aus der Energie E die Wellenlänge wie folgt berechnen:

$$E = h \cdot \frac{c}{\lambda} \Rightarrow E = \frac{12.399 \,\text{eV}\,\text{Å}}{\lambda} \Rightarrow \lambda = \frac{12.399 \,\text{eV}\,\text{Å}}{E} \tag{2}$$

und damit ergibt sich die Bragg-Gleichung für energiedispersive Röntgenbeugung:

$$\frac{12.399 \,\text{eV}\,\text{Å}}{E} = 2 \cdot d \sin \theta \tag{3}$$

Bei Experimenten mit Multi-Anvil-Pressen (siehe Abschnitt 3.6 und Abschnitt 3.7) wird mit energiedispersiver Röntgenbeugung gearbeitet.

Vorteile:

- Die Spektren werden unter einem festen Beugungswinkel θ_0 gemessen, d. h. der Versuchsaufbau kommt mit weniger beweglichen Teilen aus.

- Es werden nur kleine Eintritts- und Austrittsöffnungen für den einfallenden und den gebeugten Strahl benötigt, da im polychromatischen Strahl ausreichend Energie vorhanden ist.

- Es können mehr Messpunkte in der zur Verfügung stehenden Messzeit aufgenommen werden.

- Das gesamte Beugungsspektrum wird gleichzeitig aufgenommen (wichtig für zeitabhängige Untersuchungen).

Nachteile:

- Die Auflösung ist geringer als bei winkeldispersiver Röntgenbeugung. Bei Multianvil-Untersuchunen wird die Auflösung durch die Streugeometrie stark beeinflusst.

2.4. Bestimmung des Beugungswinkels

Zu Beginn einer jeden Messreihe wird der Beugungswinkel θ_0 bestimmt. Dazu wird eine Markersubstanz zur Kalibrierung, hier NaCl, benutzt und unter Normalbedingungen ein Beugungsspektrum aufgenommen. Aus dem d-Wert eines Reflexes und der gemessenen Peak-Energie E_{hkl} wird die Gitterenergie $E_d = E_{hkl} \cdot d$ berechnet. Die Bragg-Gleichung für energiedispersive Röntgenbeugung wird entsprechend umgeformt und man erhält:

$$\sin \theta_0 = \frac{6.1995 \text{eV Å}}{E_d} \quad (4)$$

Die Geometrie der Anlage wird während der gesamten Messreihe konstant gehalten.

2.5. Fehlerbetrachtung

Der Fehler, welcher bei den Messungen auftritt und somit auch in die berechneten elastischen und thermischen Eigenschaften einfliesst, entsammt verschiedenen Fehlerquellen:

- Als erstes spielt das Auflösungsvermögen der Detektoren eine Rolle. Beide Detektoren besitzen ein, linear-energieabhängiges Auflösungsvermögen von 135 eV bei 6,3 keV und 450 eV bei 122 keV. Daraus ergibt sich ein mittlerer Fehler von $\Delta E/E_0 = 0,4\,\%$.

- Buras et al. [17] haben einen Zusammenhang zwischen der Halbwertsbreite eines Reflexes (und somit des Auflösungsvermögens) bei energiedispersiver Röntgenbeugung und dem Beugungswinkel θ_0 untersucht. Schönbohm [18] hat aufgrund dieses Zusammenhangs für die in der MAX80 verwendeten Geometrie einen optimalen Beugungswinkel zwischen 7 ° und 9 ° berechnet, bei dem dieser Fehler kleiner als 0,5 % ist.

- Ein weiterer Fehler tritt bei der Energiekalibrierung auf. Der Vergleich der Lage von gemessenen Quarzreflexen mit theoretischen Werten ergab eine mittlere Abweichung von 0,05 % [19].

- Ein weiterer Fehler tritt bei der Auswertung der Spektren auf. Im Mittel beträgt der Fehler bei der Bestimmung der Volumina bei einer Bestimmung über die Rietveld-Verfeinerung von weniger als 0,05 % auf.

- Mit der Gauss'schen Fehlerfortpflanzung ergibt sich somit ein Gesamtfehler, der sowohl beim $\Delta E/E_0$ als damit auch bei der Bestimmung der Elementarzellvoumina bei ungefähr 0,64 % (1σ) liegt.

2.6. Brillouin-Streuung

Die Brillouin-Streuung basiert auf der Wechselwirkung zwischen optischen und akustischen Wellen. Brillouin [20] und Mandelstam [21] haben diese Art der Streuung zum ersten Mal unabhängig voneinander theoretisch vorhergesagt. 1930 wurde diese Vorhersage experimentell von Gross [22] bestätigt.

Brillouin Streuung ist inelastische Streuung von Licht an thermisch angeregten akustischen Wellen in einem Festkörper. Aufgrund ihrer thermischen Energie schwingen Atome um ihre Gleichgewichtslage. Diese Schwingungen führen durch die Wechselwirkung mit Nachbaratomen zu einer Schallwelle (akustische Phononen), welche periodische Änderungen in der optischen Dichte hervorrufen. Diese periodischen Änderungen können als „Beugungsgitter" angesehen werden, an denen Bragg-Streuung des einfallenden Lichts auftritt. Da sich die „Beugungsgitter" mit Schallgeschwindigkeit bewegen, tritt am gebeugten Licht eine Dopplerverschiebung auf, welche sowohl positive (Anti-Stokes-Effekt) als auch negative (Stokes-Effekt) Frequenzverschiebung zur Folge hat (Abbildung 5) [23].

In einem optisch isotropen Medium mit dem isotropen Brechungsindex n lässt sich der Wellenvektor q des Phonons unter der Annahme, dass $k_0 \cong k_s$ (die Frequenzverschiebung, welche durch Brillouin-Streuung hervorgerufen wird, ist nur ungefähr 10^{-6} mal so groß wie die Frequenz des sichtbaren Lichts, damit ist diese Annahme gut erfüllt) wie folgt berechnen:

$$q = 2n|k_0|\sin\left(\frac{\beta}{2}\right) \qquad (5)$$

wobei k_0 der Wellenvektor des einfallenden Lichts ist und β der Streuwinkel (Abbildung 5).

Verknüpft man jetzt die Bragg-Streuung der optischen Photonen an den akustischen Phononen mit der Dopplerverschiebung, ergibt sich die Frequenzverschiebung des gebeugten Lichts $\Delta\omega$ zu [24]:

2.7. Akustische Wellen

$$\Delta\omega = \omega_s - \omega_0 = \pm\nu_S \cdot n\,|k_0|\sin\left(\frac{\beta}{2}\right) \qquad (6)$$

Mit ω_s und ω_0 als Kreisfrequenz des gebeugten Lichts bzw. des Lichts im Vakuum, ν_S als Geschwindigkeit der akustischen Phononen, n ist der optische Brechungsindex, k_0 ist der Wellenvektor des einfallenden Lichts und β ist der Beugungswinkel.

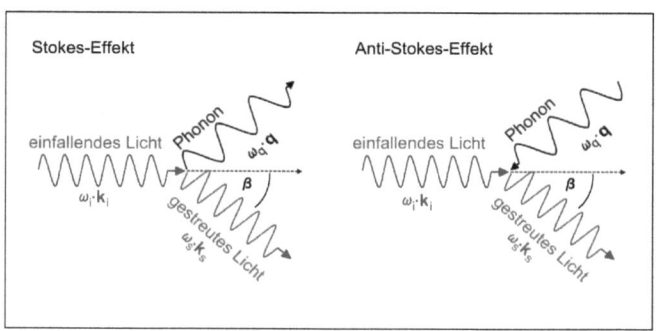

Abbildung 5: Quantenmechanische Darstellung der Brillouin-Streuung (nach [25]). Das einfallende Laserlicht wird in der Probe an akustischen Phononen inelastisch gestreut. Dabei kann entweder ein Phonon entstehen (Stokes-Effekt) oder absorbiert werden (Anti-Stokes-Effekt). q ist der Wellenvektor des Phonons, k_i und k_s sind die Wellenvektoren des einfallenden bzw. gestreuten Lichts und ω ist die Kreisfrequenz. Zwischen Photonen und Phononen gilt Energie- und Impulserhaltung.

In dieser Arbeit wurden die Versuche in der „Forward platelet symmetric scattering"-Geometrie (Abbildung 30) durchgeführt. Die Geschwindigkeit der Phononen ν_S wird dann über die gemessenen Frequenzverschiebung $\Delta\omega$ wie folgt berechnet [26]:

$$\nu = \frac{\Delta\omega \cdot \lambda_L}{2 \cdot \sin\frac{\beta}{2}} \qquad (7)$$

Dabei ist λ_L die Wellenlänge des einfallenden Lichts und β der Beugungswinkel.

2.7. Akustische Wellen

Es gibt zwei Arten von akustischen (Schall-)wellen, welche Festkörper durchlaufen können. Unterschieden wird zwischen Longitudinalwellen und Transversalwellen, auch Kompressions-

2.7. Akustische Wellen

wellen bzw. Scherwellen genannt. Bei den Kompressionswellen schwingen die Teilchen parallel zur Ausbreitungsrichtung, bei den Scherwellen schwingen die Teilchen senkrecht zur Ausbreitungsrichtung (Abbildung 6). Die Kompressionswellen werden in der Seismik auch als p-Wellen (Primärwellen) bezeichnet, da sie sich schneller ausbreiten als die Scherwellen, die auch als s-Wellen (Sekundärwellen) bezeichnet werden.

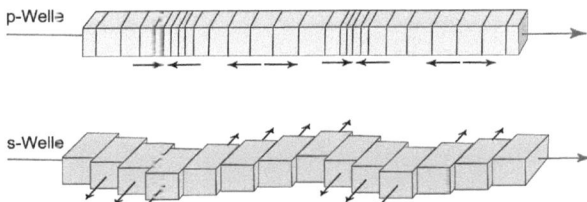

Abbildung 6: Schematische Darstellung der Teilchenverschiebung in einer p-Welle und einer s-Welle. Der hellgraue Pfeil gibt die Ausbreitungsrichtung an, die schwarzen Pfeile die Richtung der Teilchenverschiebung. In einer p-Welle bewegen sich die Teilchen parallel zur Ausbreitungsrichtung, in einer s-Welle bewegen sie sich senkrecht zur Ausbreitungsrichtung.

Die Wellengeschwindigkeiten in einem Festkörper hängen von der Dichte und den elastischen Eigenschaften ab. Im Fall eines elastisch isotropen Festkörpers können die mittleren Geschwindigkeiten der Kompressionswellen v_p, der Scherwellen v_s und der Masseschallwellen v_ϕ aus dem Schermodul G, dem adiabatischen Kompressionsmodul K_S und der Dichte ρ wie folgt berechnet werden [27]:

$$v_p = \sqrt{\frac{K_S + \frac{4}{3}G}{\rho}}; \quad v_s = \sqrt{\frac{G}{\rho}}; \quad v_\phi = \sqrt{\frac{K_S}{\rho}} \qquad (8)$$

Das Schermodul G gibt an, wie sich ein Material unter einer Scherspannung verformt, das Kompressionsmodul K_S gibt die druckabhängige Volumenabnahme an und ist definiert durch [28]:

$$K = -V \cdot \frac{dp}{dV} \qquad (9)$$

Mit V als Volumen. Eine ausführlichere Herleitung des Kompressionsmoduls erfolgt in Abschnitt 2.9.

2.8. Elastische Eigenschaften

Die elastischen Eigenschaften eines Festkörpers können mit Tensoren beschrieben werden. Der Verzerrungstensor ϵ_{kl} beschreibt eine Verformung eines Volumenelements, der Spannungstensor σ_{ij} gibt die mechanische Spannung auf eine bestimmte Fläche an. Beides sind Tensoren zweiter Ordnung (mit $i,j,k,l, = 1,2,3$). Beim mechanischen Spannungstensor gibt der erste Index die Richtung an, in welche eine Kraft wirkt, der zweite Index gibt die Richtung der Flächennormale an, auf welche die Kraft wirkt (Abbildung 7).

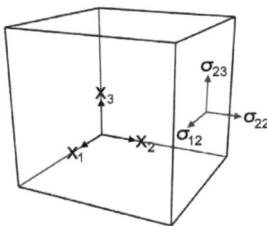

Abbildung 7: Veranschaulichung der Komponenten des Spannungstensors σ_{ij}, der Verzerrungstensor wird analog hierzu indiziert.

Bei Gültigkeit des Hookeschen Gesetzes (bei kleinen Deformationen) gilt ein linearer Zusammenhang zwischen beiden Tensoren:

$$\sigma_{ij} = C_{ijkl} \cdot \epsilon_{kl} \qquad (10)$$

Der Elastizitätstensor C_{ijkl} ist ein Tensor vierter Ordnung mit 81 unabhängigen Komponenten, welche sich aufgrund von Symmetrieeigenschaften der Spannungs- und Verzerrungstensoren auf 21 unabhängige Komponenten reduzieren [29]. Der Elastizitätstensor lässt sich nach folgenden Regeln zu einer Matrix vereinfachen (Voigt-Schreibweise) [30]:

$11 \to 1$, $22 \to 2$, $33 \to 3$, $23 \to 4$, $32 \to 4$, $13 \to 5$, $31 \to 5$, $12 \to 6$, $21 \to 6$

Aufgrund energetischer Betrachtungen reduziert sich die Anzahl der unabhängigen Komponenten in höhersymmetrischen Kristallsystemen. Für kubische Kristalle, wie z. B. Spinelle, ergeben sich drei unabhängige Komponenten C_{11}, C_{12} und C_{44}, welche sich in folgender Matrix darstellen lassen [31]:

2.8. Elastische Eigenschaften

$$C_{ij} = \begin{vmatrix} C_{11} & C_{12} & C_{12} & 0 & 0 & 0 \\ C_{12} & C_{11} & C_{12} & 0 & 0 & 0 \\ C_{12} & C_{12} & C_{11} & 0 & 0 & 0 \\ 0 & 0 & 0 & C_{44} & 0 & 0 \\ 0 & 0 & 0 & 0 & C_{44} & 0 \\ 0 & 0 & 0 & 0 & 0 & C_{44} \end{vmatrix} \qquad (11)$$

Um einen Zusammenhang zwischen den elastischen Eigenschaften und Schallwellengeschwindigkeiten herzustellen, kombiniert man das Hookesche Gesetz (Gleichung 10) mit der Newtonschen Bewegungsgleichung der Wellenausbreitung:

$$\frac{\partial \sigma_{ij}}{x_j} = \rho \cdot \frac{\partial^2 u_i}{\partial^2 t^2} \qquad (12)$$

und erhält die sogenannte Christoffelgleichung:

$$\rho \cdot v_w^2 \cdot z_i = C_{ijkl}\, w_j\, w_l\, z_k \qquad (13)$$

wobei ρ die Dichte ist, v_w die Wellengeschwindigkeit, C_{ijkl} der Elastizitätstensor, z die Teilchenverschiebung und w die Wellennormalen [32]. Die Christoffelgleichung besitzt immer drei Lösungen. Für beliebige Richtungen entsprechen diese einer quasi-longitudinalen Welle und zwei quasi-transversalen Wellen, welche alle drei senkrecht zueinander stehen [32]. Reine Longitudinal- bzw. Transversalwellen findet man nur in elastisch isotropen Materialien oder entlang symmetrischer (entarteter) Kristallrichtungen. Die Wellengeschwindigkeit ist dabei abhängig von der Ausbreitungsrichtung und, im Falle der Scherwellen, von der Polarisation, d. h. sie verhalten sich anisotrop. Um die mittleren Geschwindigkeiten der Schallwellen mit Hilfe von Formel 8 berechnen zu können, wird jedoch ein isotropes Medium angenommen. Die Umrechnung kann unter Annahme einer homogenen Verzerrung (Voigt-Mittelwert [30]) oder einer homogenen Spannung (Reuss-Mittelwert [33]) erfolgen, üblicherweise wird das arithmetische Mittel aus beiden Werten (Voigt-Reuss-Hill-Mittelwert [34]) gebildet.

Für kubische Kristalle gelten folgende Mittelwerte:

$$K_V = K_R = \frac{1}{3}(C_{11} + 2 \cdot C_{12})$$
$$G_V = \frac{1}{5}(2 \cdot C' + 3 \cdot C_{44})$$
$$G_R = \frac{5 \cdot C' \cdot C_{44}}{2 \cdot C_{44} + 3 \cdot C'} \quad \text{mit} \quad C' = \frac{1}{2}(C_{11} - C_{12})$$

2.9. p-V-Zustandsgleichungen

Der thermodynamische Zustand eines Systems wird üblicherweise durch die Parameter Druck p, Temperatur T und Volumen V (oder spezifische Dichte ρ) definiert, welche durch eine Zustandsgleichung (equation of state, EOS) verknüpft sind. Die bekannteste Zustandsgleichung ist die für ideale Gase $pV = NRT$ mit N als Teilchenzahl und R als universelle Gaskonstante. In den Geowissenschaften werden viele weitere Zustandsgleichungen für Festkörper unter hohen Drücken und hohen Temperaturen verwendet, da es für Modelle des Erdinneren unerlässlich ist, das Verhalten von Geomaterialien so genau wie möglich beschreiben zu können. Da die Temperatur auf Festkörper aber einen deutlich geringeren Effekt hat als auf Gase, wird die Änderung der thermischen Ausdehung mit dem Druck meist vernachlässigt und oftmals nur eine Korrektur der thermischen Ausdehnung auf isothermische Zustandsgleichungen angewandt, welche üblicherweise experimentell für Minerale ermittelt werden.

Die einfachste isothermische Zustandsgleichung ist durch die Definition des Kompressionsmoduls gegeben, wenn es wie folgt definiert wird:

$$K = -V\frac{dp}{dV} = -\frac{dp}{d\ln V} = \frac{dp}{d\ln \rho} \tag{14}$$

Im Bereich linearer Elastizität mit konstantem Kompressionsmodul erhält man durch Integration von Formel 14 mit $K = K_0$ und $p_0 = 0\,\text{GPa}$:

$$V = V_0 \exp\left(-\frac{p}{K_0}\right) \tag{15}$$

Augenscheinlich ist diese Zustandsgleichung aber für sehr hohe Drücke nicht korrekt, da hier nicht ausreichend berücksichtigt wird, dass es bei steigendem Druck immer schwieriger wird, einen Festkörper zusammen zu pressen, d. h. das Kompressionsmodul steigt mit zunehmendem

2.9. p-V-Zustandsgleichungen

Druck an. Um dieses zu berücksichtigen kann man das Kompressionsmodul K in einer Reihe entwickeln und so die Druckabhängigkeit einfliessen lassen:

$$K \approx K_0 + K'p \qquad (16)$$

Setzt man jetzt Gleichung 14 in Gleichung 16 und integriert diese dann erhält man:

$$V = V_0 \left(1 + p\frac{K'}{K_0}\right)^{-\frac{1}{K'}} \quad oder \quad p = \frac{K_0}{K'}\left[\left(\frac{V_0}{V}\right)^{K'} - 1\right] \qquad (17)$$

Die Gleichung 17 wurde 1967 von Murnaghan [35] entwickelt und ist heutzutage als Murnaghans EOS (genauer Murnaghans integrierte lineare EOS) bekannt.

Die gebräuchlichste Zustandsgleichung für experimentelle Kompressionsdaten von Mineralen ist die Zustandsgleichung von Birch-Murnaghan. Birch [36] ging dabei von einem Zusammenhang zwischen Eulerscher finiter Verzerrung ϵ_{ij} und der freien Helmholtz-Energie E_H aus.

Zuerst soll hierbei die finite Verzerrung betrachtet werden.

In einem Festkörper sind zwei benachbarte Punkte P und Q, mit den Koordinaten x_i ($i = 1, 2, 3$) bzw. $x_i + dx_j$ gegeben. Die Distanz zwischen beiden erhält man aus:

$$ds^2 = \sum_i (dx_i)^2 \qquad (18)$$

Die Punkte P und Q werden mit einem Verschiebevektor $\mathbf{u}(x_i)$ in die Punkte P' und Q' überführt, welcher eine Funktion der Koordinaten folgender Punkte ist:

$$\begin{aligned} P(x_i) &\rightarrow P'(x_i + u_i) \\ Q(x_i + dx_i) &\rightarrow Q'(x_i + dx_i + u_i + du_i) \end{aligned}$$

Da der Verschiebevektor $\mathbf{u}$ nicht für alle Punkte konstant ist, ist die Distanz dS zwischen den Punkten P' und Q' von ds verschieden, der Festkörper erfährt eine Verzerrung. Die Eulersche finite Verzerrung ϵ_{ij} kann wie folgt dargestellt werden:

2.9. p-V-Zustandsgleichungen

$$\epsilon_{ij} = \frac{1}{2}\left(\frac{\partial u_i}{\partial X_j} + \frac{\partial u_j}{\partial X_i}\right) - \frac{1}{2}\sum_k \frac{\partial u_k}{\partial X_i}\frac{\partial u_k}{\partial X_j} \tag{19}$$

Für infinitesemale Verzerrungen kann der zweite Term vernachlässigt werden.

Eine isotrope komprimierende Verzerrung, hervorgerufen durch hydrostatischen Druck, kann man beschreiben als:

$$\frac{\partial u_1}{\partial X_1} = \frac{\partial u_2}{\partial X_2} = \frac{\partial u_3}{\partial X_3} = \frac{\theta}{3} \quad mit \quad \theta = \sum_i \frac{\partial u_i}{\partial x_i} = \frac{\Delta V}{V_0} \tag{20}$$

Aus Gleichung 19 und 20 ergibt sich dann:

$$\epsilon_{ij} = \epsilon\delta_{ij} \quad mit \quad \epsilon = \frac{\theta}{3} - \frac{1}{2}\frac{\theta^2}{9} \tag{21}$$

Betrachtet man jetzt einen Würfel mit dem Volumen $V = (dX_1)^3$ im verzerrten Zustand und $V_0 = \left[dX_1\left(1 - \frac{\partial u_1}{\partial X_1}\right)\right]^3$ im unverzerrten Zustand ergibt sich daraus:

$$\frac{V_0}{V} = \frac{\rho}{\rho_0} = \left(1 - \frac{\partial u_1}{\partial X_1}\right)^3 = \left(1 - \frac{\theta}{3}\right)^3 \tag{22}$$

Schreibt man jetzt:

$$\left(1 - \frac{\theta}{3}\right)^3 = \left[\left(1 - \frac{\theta}{3}\right)^2\right]^{\frac{3}{2}}$$

erhält man

$$\frac{\rho}{\rho_0} = \left(1 - \frac{2\theta}{3} + \frac{\theta^2}{9}\right)^{\frac{3}{2}} = \left[1 - 2\left(\frac{\theta}{3} - \frac{\theta^2}{18}\right)\right]^{\frac{3}{2}} = (1 - 2\epsilon)^{\frac{3}{2}} \tag{23}$$

Da die Ausdehnung ϵ für positive Drücke negativ ist, wird im weiteren mit der Kompression $f = -\epsilon$ gerechnet:

2.9. p-V-Zustandsgleichungen

$$\frac{\rho}{\rho_0} = \frac{V_0}{V} = (1+2f)^{\frac{3}{2}} \tag{24}$$

$$f = \frac{1}{2}\left[\left(\frac{V_0}{V}\right)^{\frac{2}{3}} - 1\right] \tag{25}$$

Eine Reihenentwicklung der freien Helmholtz-Energie als Potenz der Eulerschen finiten Verzerrung und anschließende Ableitung nach dem Volumen liefert die Zustandsgleichung von *Birch-Murnaghan*. Abhängig davon, bis zu welcher Ordnung man die Reihe entwickelt, unterscheidet man zwischen der Zustandsgleichung zweiter Ordnung:

$$p = \frac{3}{2}K_T\left[\left(\frac{V}{V_0}\right)^{-7/3} - \left(\frac{V}{V_0}\right)^{-5/3}\right] \tag{26}$$

welche für Drücke bis zu 10 GPa verwendet wird, und der Zustandsgleichung dritter Ordnung:

$$p = \frac{3}{2}K_T\left[\left(\frac{V}{V_0}\right)^{-7/3} - \left(\frac{V}{V_0}\right)^{-5/3}\right]\left\{1 + \frac{3}{4}[K'-4]\left(\left(\frac{V}{V_0}\right)^{-2/3} - 1\right)\right\} \tag{27}$$

für höhere Drücke. Bei der Zustandsgleichung dritter Ordnung wird die Druckabhängigkeit des Kompressionsmoduls $K' = \frac{dK}{dp}$ in Betracht gezogen.

Man unterscheidet zwischen dem isothermen Kompressionsmodul K_T und dem adiabatischen Kompressionsmodul K_S. Das isotherme Kompressionsmodul erhält man, wenn die isotherme Volumenänderung einer Probe in Abhängigkeit des Druckes gemessen wird. Berechnet man das Kompressionsmodul aus den elastischen Eigenschaften, erhält man das adiabatische Kompressionsmodul, da hier die Kompression adiabatisch abläuft, das bedeutet, die Deformation des Körpers passiert so schnell, das es zu keinem Wärmeaustausch mit der Umgebung kommt. Beide Kompressionsmodule sind über folgende Gleichung verknüpft [37]:

$$K_S = K_T \cdot (1 + \alpha \cdot \gamma_{th} \cdot T) \tag{28}$$

wobei α der thermische Ausdehnungskoeffizient ist und T die Temperatur. γ_{th} ist der thermische Grüneisenparameter, welcher wie folgt definiert ist [37]:

2.10. Thermische Ausdehnung

$$\gamma_{th} = \frac{\alpha \cdot K_T \cdot V}{C_V} = \frac{\alpha \cdot K_S \cdot V}{C_p} \qquad (29)$$

mit C_V und C_p als Wärmekapazität bei konstantem Volumen bzw. bei konstantem Druck (isochore und isobare Wärmekapazität), V ist das Volumen, α der thermische Ausdehnungskoeffizient und K_T und K_S sind das isotherme bzw. das adiabatische Kompressionsmodul.

2.10. Thermische Ausdehnung

In einem Festkörper schwingen die Atome um ihre Gleichgewichtslagen. Die Atome sind dabei durch eine anziehende Kraft aneinander gebunden, eine zweite abstoßende Kraft sorgt für einen endlichen Abstand zwischen ihnen.

Der Gleichgewichtsabstand r_e, also die Bindungslänge, zwischen zwei Atomen liegt dort, wo die Summe dieser beiden Kräfte sich aufhebt. Bei $T = 0\,\text{K}$ würden sich die Teilchen in diesem Abstand voneinander in Ruhe befinden. Idealerweise wird eine harmonische Oszillation angenommen, allerdings würde sich in dem daraus resultierenden symmetrischen (parabolischen) Bindungspotential (Abbildung 8a) auch bei Temperaturerhöhung keine Vergrößerung des Gleichgewichtsabstandes der Teilchen ergeben, da die Atome in gleichem Maße in Richtung eines Nachbaratoms als auch in die entgegengesetzte Richtung schwingen könnten. Aufgrund der Tatsache, dass die anziehende Kraft eine deutlich größere Reichweite als die abstoßende Kraft besitzt, ergibt sich jedoch ein anharmonisches Potential (Abbildung 8b). Es ist deutlich zu erkennen, dass im Bereich des Minimums der Potentialkurve immer noch harmonische Bedingungen (gestrichelte Kurve) angenommen werden können. Wird dem System weiter Energie zugeführt, ist der anharmonische Faktor jedoch nicht mehr zu vernachlässigen. Die interatomare Distanz oszilliert zwischen r_1 und r_2, wobei $r_2-r_e > r_e-r_1$, d. h. die Dehnung der Bindungslänge ist größer als die Kompression (Abbildung 9). Zudem ist die anziehende Kraft kleiner, wenn sich die Bindung im Dehnungszustand befindet. Dadurch befindet sich die Bindung längere Zeit im gedehnten als im komprimierten Zustand, der mittlere Wert der Bindungslänge wird also größer als der Gleichgewichtsabstand r_e. Da die Energie dem System als Wärme zugeführt wird, wird dieser Effekt als thermische Ausdehnung bezeichnet.

Ein Zusammenhang zwischen Volumen und Temperatur lässt sich aus der Grüneisen-Theorie [38] für die thermische Ausdehnung herstellen:

2.10. Thermische Ausdehnung

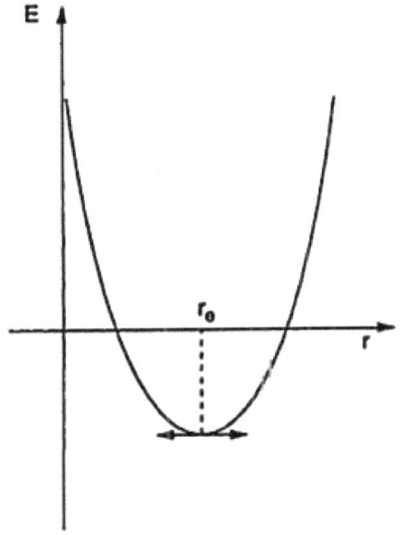 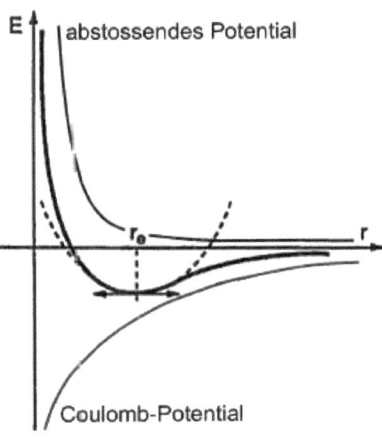

(a) Harmonische Kurve des interatomaren Wechselwirkungspotentials. Die interatomare Gleichgewichts-Distanz r_e liegt im Minimum der Parabel des interatomaren Bindungspotentials.

(b) Anharmonische Kurve des interatomaren Wechselwirkungspotentials (dicke schwarze Kurve). Es ist die Summe aus dem anziehend wirkenden Coulomb-Potential und eines abstossenden Potentials mit kurzer Reichweite. Die gestrichelte Kurve zeigt im Vergleich dazu das harmonische Wechselwirkungspotential.

Abbildung 8: Vergleich des harmonischen mit dem anharmonischen interatomaren Wechselwirkungspotentials [28].

$$V(T) = \frac{V_{abs0}}{2k}\left[1 + 2k - \sqrt{1 - 4k\frac{E_{Git}}{Q_0}}\right] \quad \text{mit} \quad Q_0 = K_{abs0}\frac{V_{abs0}}{\gamma} \quad (30)$$

dabei ist V_{abs0} das Volumen beim absoluten Nullpunkt, K_{abs0} das Kompressionsmodul beim absoluten Nullpunkt, γ der Grüneisenparameter und E_{Git} die Energie der Gitterschwingungen. Die Konstante k lässt sich aus den Messdaten bestimmen, indem die gemessene Volumenänderung einer numerisch bestimmten angepasst wird.

Die Energie kann aus dem Debye-Modell [39] berechnet werden:

2.10. Thermische Ausdehnung

$$E = \frac{9 \cdot N \cdot R \cdot T}{\left(\frac{\theta_D}{T}\right)^3} \int_0^{\frac{\theta_D}{T}} \frac{x^3}{e^x - 1} \, dx \qquad (31)$$

wobei *N* die Anzahl der Atome, *R* die universelle Gaskonstante und θ_D die Debye-Temperatur ist.

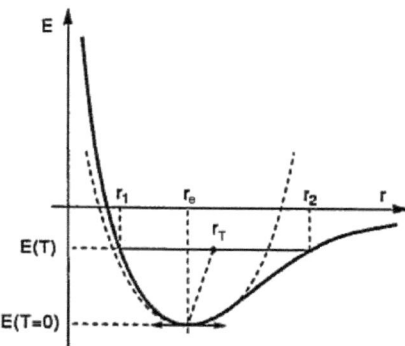

Abbildung 9: Thermische Ausdehnung. Bei einer Temperatur $T = 0\,\text{K}$ besitzt das interatomare Potential ein Minimum für die Gleichgewichts-Distanz r_e. Bei einer endlichen Temperatur besitzt das Potential *E(T)* einen höheren Wert und aufgrund der asymmetrischen Form der anharmonischen Kurve ist die Gleichgewichts-Distanz der Mittelwert r_T zwischen r_e und r_e, welcher größer als r_e ist [28].

Um diese Formeln nutzen zu können ist es notwendig, die thermische Ausdehnung über einen großen Temperaturbereich sehr genau zu messen. Die Genauigkeit der Messungen an der MAX80 reicht dafür nicht aus. Deshalb wird eine vereinfachte Form verwendet, die oberhalb der Raumtemperatur Gleichung 30 gut annähert:

$$V(T) = V_{T_R} exp\left[\int_{T_R}^{T} \alpha(T) \, dT\right] \qquad (32)$$

hierbei ist V_{T_R} das Volumen bei einer Referenztemperatur T_R, üblicherweise wird dazu die Raumtemperatur verwendet. Ist der thermische Ausdehnungskoeffizient temperaturunabhängig über den gemessenen Temperaturbereich, gilt:

$$V(T) = V_{T_R} exp\left[\alpha_0 (T - T_R)\right] \qquad (33)$$

3. Experimentelles

3.1. Proben-Spinelle

Für die Pulver-Röntgenbeugungsexperimente wurden drei verschiedene Spinelle ausgewählt, Magnetit Fe_3O_4, Franklinit $ZnFe_2O_4$ und Gahnit $ZnAl_2O_4$. Die ersten beiden Spinelle waren synthetische Produkte der Firma Aldrich. Magnetit wurde als Eisen-(II/III)-Oxid-Pulver (CAS-Nummer 1317-61-9) mit einer Korngröße von unter 5 μm und einer Reinheit von größer 98 % gekauft. Bei dem Zink Eisen Oxid-Pulver (CAS-Nummer 12063-19-3) handelt es sich um ein Pulver mit einer Korngröße von unter 0,1 μm und einer Reinheit größer 99 %. Das Gahnit-pulver wurde aus einem natürlichen Kristall hergestellt, der vom Mineralogischen Museum der Universität Hamburg zur Verfügung gestellt wurde. Fundort dieser Probe war Chelmsford, Massachusetts, USA. Der Grund, warum vom Gahnit eine natürliche Einkristallprobe benutzt wurde ist, dass Gahnit auch für Brillouin-Streuungs-Experimente benutzt wurde, wofür Einkristalle benötigt werden. Die chemische Analyse der Probe mit der Elektronenstrahlmikrosonde wurde ebenfalls am Mineralogischen Institut der Universität Hamburg durchgeführt. Abbildung 10 zeigt ein Rückstreu-Elektronen(BSE) Bild der Probe, um die Homogenität der Probe nachweisen zu können. Aus den Messwerten (Tabelle 2) ergibt sich dann folgende Summenformel: $(Zn_{0,73}Fe^{2+}_{0,2}Mg_{0,07})(Al_{1,99}Fe^{3+}_{0,01})O_4$

Tabelle 2: Chemische Analyse des Gahnits, Angaben in Gew.-%.

Messpunkt	MgO	Al_2O_3	FeO	ZnO	Total
1	1,65	57,45	8,42	34,06	101,59
2	1,66	57,35	8,46	33,70	101,17
3	1,63	57,34	8,62	33,44	101,03
4	1,66	57,35	8,55	34,03	101,58
5	1,63	57,31	8,30	33,79	101,03
6	1,68	57,34	8,63	33,95	101,60
7	1,63	57,55	8,53	33,54	101,26
8	1,65	57,13	8,35	34,28	101,41
9	1,64	57,39	8,44	34,35	101,82
10	1,65	57,33	8,43	33,70	101,11
ø	1,65	57,35	8,47	33,83	101,36

3.2. Proben-Vorbereitung

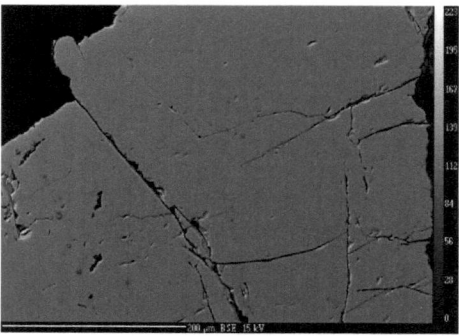

Abbildung 10: Rückstreu-Elektronen Bild der Gahnitprobe.

3.2. Proben-Vorbereitung

Für die Röntgenbeugungsexperimente wird eine Mischung aus Kochsalz- und Probenpulver verwendet. Da der Gahnit als Einkristall vorlag, musste er zuerst zu Pulver verarbeitet werden. Mit einem Hammer wurde der Gahnit grob zerkleinert. Bruchstücke mit einer Größe von ein bis zwei Millimetern wurden in einen Achatmörser gegeben und mit Aceton bedeckt, damit sie beim weiteren Zerkleinern besser im Mörser haften blieben. Die Stückchen wurden soweit zerkleinert, bis ein homogenes Pulver entstand, in dem mit bloßem Auge keine einzelnen Körner mehr erkennbar waren. Der weitere Arbeitsablauf war für alle drei Spinelle der gleiche. Zu Beginn wurde ein Volumenteil Probenpulver mit zwei Volumenteilen Kochsalzpulver vermengt und gut durchmischt, so dass eine homogene Mischung entstand. Ein Teil dieser Mischung wurde dann in eine Druckzelle gefüllt und ein Beugungsspektrum wurde aufgenommen, um das Mischungsverhältnis zu überprüfen. Ein gutes Volumenverhältnis war erreicht, wenn die jeweils stärksten Reflexe vom Kochsalz und von der Probe nahezu die gleiche Intensität besaßen. Falls die Intensitäten deutlich unterschiedlich waren, wurde der Pulvermischung entweder Kochsalz oder Probe zugegeben, je nachdem welcher Reflex die geringere Intensität hatte. Diese Prozedur wurde solange wiederholt, bis ein optimales Spektrum erzeugt wurde.

Für die Brillouin-Experimente wurde ein Stück des Gahnitkristalls mit einer Diamantbandsäge in dünne Plättchen geschnitten. Diese Plättchen wurden auf einer Seite poliert, danach wurde die andere Seite so lange geschliffen, bis die Probe eine Dicke von ca. 30 μm besaßen. Danach wurde die zweite Seite planparallel poliert. Wichtig ist, dass die maximale Abweichung der Parallelität der Flächen kleiner ist als 1 °. Die so präparierten Plättchen wurden zerteilt, um Probenstücke zu erhalten, die in den Probenraum der Diamantstempelzelle passen. Die verwendete Probe hatte eine Größe von ca. 70 μm × 50 μm bei einer Dicke von ca. 30 μm.

3.3. F2.1 und W2 Beamline

Das Helmholtz-Zentrum Potsdam, Deutsches GeoForschungsZentrum betreibt zwei Strahllinien (Beamlines) am HASYLAB (Abbildung 11).

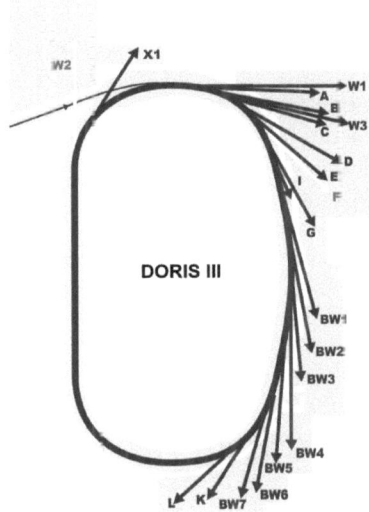

Abbildung 11: DORIS Übersicht. In weiß sind die Beamlines hervorgehoben, an denen das Deutsche GeoForschungsZentrum Multi-Anvil-Pressen betreibt.

Am HASYLAB gibt es 31 Beamlines, welche für unterschiedliche Aufgaben ausgelegt sind (Tabelle 3). Die F2.1 Beamline ist eine Ablenkmagnet-Beamline, d. h. die Synchrotronstrahlung wird direkt hinter einem Elektromagneten tangential emittiert.

Die kritische Energie beträgt 16,04 keV. Die Spektren werden in einem Bereich bis 75 keV aufgenommen. Bei der W2-Beamline handelt es sich um eine Wiggler-Beamline. Ein Wiggler ist eine Abfolge von Dipolmagneten, welche in abwechselnder Nord-Süd-Ausrichtung hintereinander angeordnet sind. Dadurch werden die Positronen auf eine Sinusbahn gezwungen und dabei

3.3. F2.1 und W2 Beamline

Tabelle 3: Übersicht der Beamlines am HASYLAB

Beamline	Instrumentierung/Mess-Methode
A1	Röntgenabsorptions-Spektroskopie
A2	Kleinwinkel Röntgen-Streuung
B1	Anormale Kleinwinkel Röntgen-Streuung
B2	Pulver Diffraktion
BW1	Röntgen-Reflexion, Beugung aus streifendem Einfall
BW2	Oberflächen-Beugung, Harte Röntgen Photoemission, Mikro-Tomographie
BW3	XUV Beamline
BW4	Kleinwinkel Röntgen-Streuung
BW5	Hochenergie Röntgen-Streuung
BW6	Protein Kristallographie
BW7	Protein Kristallographie
C	Röntgenabsorptions-Spektroskopie
D1	Kleinwinkelstreuung an biologischen Makromolekülen
D3	Kristallographie
D4	Mehrzweck-Diffraktometer
E1	VUV Photoemission
E2	Röntgen-Reflektometer
F1	κ-Diffraktometer, Einkristall-Diffraktion, Topographie
F2.1	MAX80 Multi-Anvil-Presse
F2.2	VUV Photoemission
F3	Energiedispersive Diffraktion
G3	Materialwissenschaften
I	VUV Lumineszenz-Spektroskopie
K1.1	Protein Kristallographie
K1.2	Protein Kristallographie
K1.3	Protein Kristallographie
L	Mikro-Röntgenfluoreszenz
W1	Hochauflösende Röntgenemission
W2	Hochenergie Röntgenstrahlung, MAX200x
W3	Winkelauflösende Photoemission
X1	Röntgenabsorptions-Spektroskopie

zusätzlich beschleunigt. Dadurch wird eine höhere Brillanz erreicht und die kritische Energie verschiebt sich auf 26,7 keV (Abbildung 12). Hier werden Spektren bis zu einer Energie von 150 keV aufgenommen.

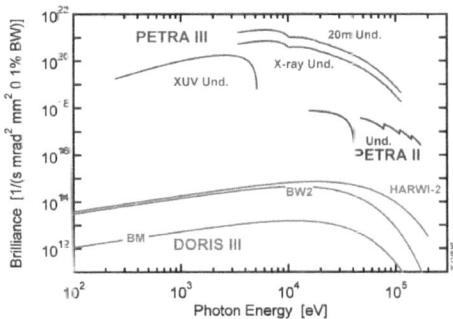

Abbildung 12: Brillanz der verschiedenen Beamlines am HASYLAB. BM steht für Bending-Magnet (Ablenkmagnet). An solch einer Beamline befindet sich die MAX80, die MAX200x wird an der HARWI-II (Hard-Wiggler) Beamline betrieben.

Die kritische Energie gibt an, bei welcher Wellenlänge die Brillanz am größten ist. Die Brillanz ist definiert als die Zahl der Photonen pro Fläche, Raumwinkel und Zeit innerhalb eines schmalen Wellenlängenbereichs. Oberhalb der kritischen Energie nimmt der Photonenfluss exponentiell ab. Beide Anlagen stehen in sogenannten Messhütten. Dabei handelt es sich um ein Stahlgerüst, welches mit drei Millimeter dicken Aluminium-Blei-Aluminium Sandwich-Platten verkleidet ist. Die Sandwich-Platten stellen sicher, dass die Synchrotronstrahlung nur innerhalb der Messhütten eine erhöhte Strahlendosis freisetzt. Innerhalb der Messhütten wird die Strahlung mit Messsonden überwacht. Wird ein kritischer Strahlungswert überschritten, schließt der Beamshutter automatisch. Außerhalb der Hütten herrscht nur die natürliche Untergrundstrahlung.

3.4. Temperaturmessung

Die Temperaturmessung erfolgt mit Thermoelementen. Ein Thermoelement ist ein Bauteil aus zwei unterschiedlichen Metalldrähten, welche an einem Ende miteinander verbunden sind. An den freien Enden der beiden miteinander verbundenen Drähte wird bei einer Temperaturdifferenz durch den *Seebeck-Effekt* eine elektrische Spannung erzeugt.

Je nach Temperaturbereich werden verschieden Thermoelement-Typen verwendet. Für Temperaturen unterhalb 1300 °C werden NiCr/NiCrSil-Thermoelemente (Typ N) verwendet, für Temperaturen bis 1900 °C werden Platin/Platin-Rhodium-Thermoelemente (Typ S) oder Wolfram-Rhenium (Typ D mit 3 % bzw. 25 % Re-Gehalt) für Temperaturen bis 1800 °C benutzt. Für die Experimente an der MAX80 wurden Typ N Mantel-Thermoelemente der Firma Thermocoax benutzt. Dieses Thermoelement besteht aus zwei Drähten mit einem Durchmesser von jeweils 0,15 mm, welche aus einer Nickel-Chrom-Silizium Legierung (Plus-Pol) und einer Nickel-Chrom Legierung (Minus-Pol) hergestellt wurden. Diese beiden Drähte befinden sich in einem Schutzmantel aus Inconel. Inconel ist eine Legierung, die hauptsächlich aus Nickel und Chrom besteht und sehr guten Widerstand gegen Oxidation und Korrosion bietet. Die beiden Thermodrähte sind durch festgepresstes Magnesiumoxid-Pulver voneinander elektrisch isoliert.

Für jedes Experiment muss das Thermoelement neu präpariert werden. Zuerst wird ein etwa fünf Millimeter langes Stück des Schutzmantels und des darin enthaltenen isolierenden Pulvers entfernt, so dass die Thermodrähte frei liegen. Diese werden dann vorsichtig mit einer Pinzette verdrillt und anschließend mit einem Mikroschweißgerät zu einer Kugel verschweisst, deren Durchmesser nicht dicker als der des Schutzmantels sein darf. Durch das Verschweissen entsteht ein sehr guter Kontakt zwischen den beiden Drähten. Bevor es in die Hochdruckzelle eingebaut wird erfolgt ein Funktionstest. Die beiden Drähte des Typ D Thermoelements können aufgrund der hohen Schmelzpunkte nicht miteinander verschweisst werden. Daher wird von jedem der zwei unterschiedlichen Drähten ein Ende um 180 ° gebogen. Diese Bögen werden dann innerhalb der Probenkammer gekreuzt, um einen Kontakt herzustellen.

Wird die Kontaktstelle der Thermodrähte erwärmt, entsteht über den Seebeck-Effekt eine elektromotorische Kraft, die Thermospannung. Die Thermospannung ist eine materialabhängige Größe. Das Typ N Thermoelement erzeugt bei 1300 °C eine Spannung von 48 mV, Typ S bei gleicher Temperatur nur eine Spannung von 13 mV und Typ D eine Spannung von 17 mV.

3.5. Druckmessung

3.5.1. Druckmessung in der Multi-Anvil-Presse

Der Druck innerhalb der Hochdruckzelle kann mit Hilfe der als bekannt vorausgesetzten Zustandsgleichung von NaCl berechnet werden. Über die Verschiebung der Lage der Kochsalz-Peaks unter Druck kann die Kantenlänge und somit auch das Volumen der Elementarzelle berechnet werden. Der Druck lässt sich dann aus dem Kompressionsmodul von NaCl berech-

3.5. Druckmessung

nen. Während des Experiments geschieht dies durch Auswertung des 200-Reflexes mit der Zustandsgleichung für NaCl von Decker [40], um einen ersten Wert für den Druck zu erhalten. Die exaktere Druckbestimmung erfolgt nach der Rietveld-Auswertung der Spektren. Die dort erhaltenen Werte für die Kantenlänge der Elementarzelle von Kochsalz sind genauer, als die während des Experiments berechneten. Für die Druckbestimmung wird die Zustandsgleichung für Kochsalz von Birch [41] verwendet, da diese exaktere Druckwerte liefert [42].

3.5.2. Druckmessung in der Diamantstempelzelle

Der Druck innerhalb der Diamantstempelzelle wird über die Verschiebung der R1-Fluoreszenzlinie von Rubin bestimmt. Rubin zeigt zwischen 690 nm und 700 nm zwei charakteristische Fluoreszenzlinien R_1 und R_2, welche durch Laserlicht angeregt werden. Die Wellenlängen dieser Fluoreszenzlinien zeigt eine druckabhängige Verschiebung zu höheren Werten (Abbildung 13).

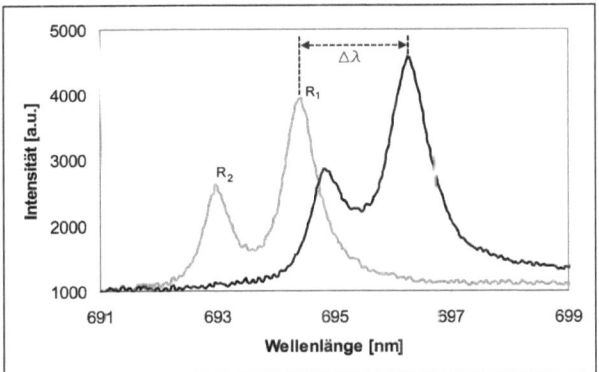

Abbildung 13: Druckabhängige Verschiebung der Rubin-Fluoreszenzlinien. Die gemessene hellgraue Linie zeigt die R_1- und R_2-Fluoreszenzlinie bei Umgebungsdruck, die gemessene schwarze Linie bei einem Druck von 5,3 GPa.

Die Druckabhängigkeit der Verschiebung wurde gegen die Volumenänderungen verschiedener Metalle (Kupfer und Silber) kalibriert. Dabei wurden in einer Diamantstempelzelle bei gleichem Druck die Verschiebung der R_1-Fluoreszenzlinie und die Volumenänderung der Elementarzellen der Metalle gemessen [43, 44]. Mit Hilfe von bekannten Zustandsgleichungen und der Volumenänderung wurde dann der Druck bestimmt. Danach wurde die Wellenlängenverschiebung der Fluoreszenzlinie gegen den Druck aufgetragen. Die Daten wurden an eine Kalibrierungskurve angepasst und lieferten folgende Formel für die Druckbestimmung:

3.5. Druckmessung

$$p = \frac{A}{B}\left\{\left[1+\frac{\Delta\lambda}{\lambda_0}\right]^B - 1\right\} \tag{34}$$

mit $A = 19,04\,\text{Mbar}$, $B = 7,665$, $\lambda_0 =$ Wellenlänge der Rubin R_1-Fluoreszenzlinie bei Nulldruck und $\Delta\lambda =$ Differenz der zwischen der Wellenlängen bei Nulldruck und erhöhtem Druck.

3.6. MAX80

Die MAX80 (Abbildung 14) ist eine einstufige Multi-Anvil-Presse, welche an der F2.1 Beamline des HASYLAB betrieben wird. Sie steht in einer Strahlenschutzhütte aus Aluminium-Blei-Aluminium Sandwich-Platten, welche verhindern, das Röntgenstrahlung aus der Messhütte nach draussen dringt. An der MAX80 wurde mit „weißer" Synchrotronstrahlung und einem Energiebereich bis 75 keV gearbeitet.

Abbildung 14: MAX80 in der Messhütte am Strahl F2.1 (HASYLAB).

Aufgrund der geometrischen Anordnung der Stempel innerhalb der Presse gibt es nur eine kleine Öffnung für den ein- und ausfallenden Strahl. Daher ist es nur sehr begrenzt möglich, mit winkeldispersiver Röntgenbeugung zu arbeiten [1]. Die sechs Stempel der MAX80 sind in einer sogenannten DIA-Geometrie angeordnet. Die sechs Stempel des Moduls erzeugen einen

---
[1]Testmessungen in der Vergangenheit mit monochromatischer Röntgenstrahlung ergaben keine erhöhung der Auflösung gegenüber energiedispersiver Röntgenbeugung

quasi-hydrostatischen Druck auf die kubische Hochdruckzelle. Die Presse lässt sich linear in x- und z-Richtung bewegen, des weiteren ist es möglich, sie um z-Achse zu drehen. Dadurch kann die Anlage präzise zum Röntgenstrahl, wecher durch den Speicherring festgelegt ist, justiert werden. Zur Datenaufnahme wird ein Germanium-Festkörper-Detektor der Firma *Canberra* mit einem Mehrkanal-Analysator benutzt. Er besitzt ein Auflösungsvermögen von 135 eV bei 6,3 keV und 450 eV bei 122 keV. Um innerhalb des Detektors die maximalen Betriebstemperatur von -124 °C zu gewährleisten, muss dieser alle 24 Stunden mit flüssigem Stickstoff gekühlt werden. Der Detektor ist ebenfalls beweglich aufgehängt. Er lässt sich linear in x- und z-Richtung bewegen und man kann ihn um die y-Achse rotieren lassen. Dadurch kann der Beugungswinkel eingestellt werden.

3.6.1. Kalibrierung des Canberra-Detektors

Der Detektor muss jedes mal kalibriert werden, wenn die maximale Betriebstemperatur überschritten wurde. Die Kalibrierung dient dazu, einen Bezug zwischen Kanalnummer und Photonenenergie herzustellen. Dafür wird ein Röntgen-Fluoreszenzspektrum aufgenommen, welches mittels einer Americium^{241}-Quelle erzeugt wird. Americium^{241} zerfällt unter Aussendung starker Gammastrahlung mit einer Energie von 60 keV. Die Gammastrahlen durchdringen dünne Metallplättchen, welche mit einem Drehmechanismus vor das Austrittsfenster der Strahlungsquelle bewegt werden können. Die verschiedenen Metalle werden dadurch angeregt und emittieren Fluoreszenzlinien mit spezifischen Energien (Tabelle 4, nach [45]).

Tabelle 4: Energien der Fluoreszenzlinien für die Detektorkalibrierung.

Element	Energien der Fluoreszenzlinien [keV]			
	$K_{\alpha 1}$	$K_{\alpha 2}$	$K_{\beta 1}$	$K_{\beta 2}$
Rubidium	13,375			
Molybdän	17,440		19,602	
Silber	22,105			
Barium	32,195	31,817	36,355	37,256
Terbium	44,482	43,744	50,335	51,720

Die Lage der Fluoreszenzlinien des aufgenommenen Spektrums (Abbildung 15) werden mit Gauß-Anpassungen ermittelt und gegen die Energien in einen Graphen aufgetragen (Abbildung 16).

Eine polynomische Ausgleichskurve zweiter Ordnung der Form $E = a_0 + a_1 \cdot Ch + a_2 \cdot Ch^2$, *E* sthet für Energie, *Ch* für Kanalnummer und a_0, a_1, a_2 sind Parameter für die Kalibrie-

3.6. MAX80

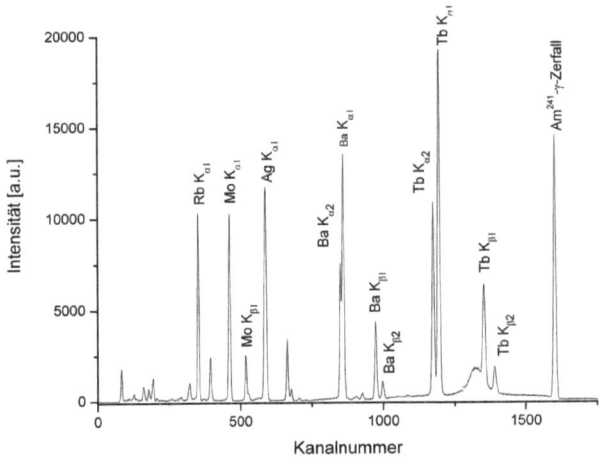

Abbildung 15: Röntgenfluoreszenzspektrum zur Energiekalibrierung.

rung, ergibt dann die gesuchten Parameter. Aus den Werten in Abbildung 16 wurden folgenden Parameter berechnet: $a_0 = 0,45679$, $a_1 = 0,03684$ und $a_2 = 1,13766 \cdot 10^{-8}$. Der Parameter a_2 kann vernachlässigt werden, d.h. die Ausgleichskurve ist annähernd linear. Da bei Germanium-Halbleiterdetektoren eine nahezu lineare Abhängigkeit im Bereich zwischen 10 - 150 keV herrscht, kann die Ausgleichskurve auf Werte größer 50 keV extrapoliert werden.

3.6.2. Aufbau der Hochdruckzelle MAX80

Die Hochdruckzellen für die MAX80 werden von Hand hergestellt. Eine Mischung aus 3,35 g Epoxidharz und 0,85 g Härter wird in 50 ml Aceton gelöst. Die Lösung wird in ein großes Becherglas mit 16,8 g Borpulver gegeben und zu einer glatten Masse verrührt und unter einem Abzug für ca. 4 Stunden getrocknet. Die getrocknete Masse wird zu einem Pulver zerkleinert und in einer Pressform annähernd zu Würfeln geformt, die Kante entlang der Pressachse ist immer etwas länger als die anderen beiden Kanten. Der Pressdruck ist dabei abhängig von der Würfelgröße, bei einer Kantenlänge von 6 mm wird mit 1,2 t Druck gearbeitet, bei 8 mm Kantenlänge benötigt man 1,6 t Die gepressten Würfel werden über Nacht bei 120 °C in einen Trockenschrank gestellt. An einer Drehmaschine erhalten die Würfel eine zentrische Bohrung

3.6. MAX80

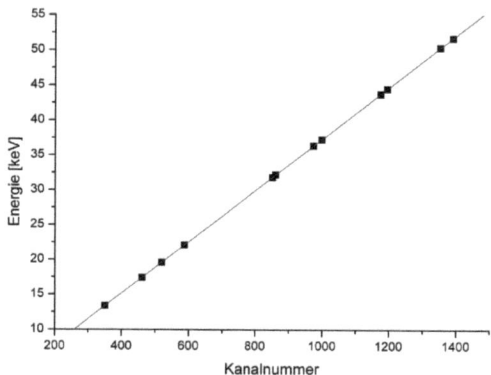

Abbildung 16: Energiekalibrierung des Detektors. Mit einer polynomischen Ausgleichskurve zweiter Ordnung werden die Parameter für die Kalibrierung des Detektors berechnet.

mittig durch eine Fläche. In diese Bohrung werden später die Probe und weitere notwendige Aufbauten eingesetzt. Ein 6 mm Würfel erhält eine 3 mm Bohrung, ein 8 mm Würfel eine 4 mm Bohrung. Zum Schluss werden die Würfel noch mit einem Bandschleifgerät exakt auf Länge gekürzt. Für Experimente, bei denen ein Thermoelement verwendet wird, ist eine weitere Bohrung notwendig, die mittig über eine Kante senkrecht zur Probenbohrung gesetzt wird. Der Durchmesser dieser Bohrung beträgt 0,6 mm.

Zum Verschließen der Bohrung für die Probe und als Kontakt zwischen den Stempeln und dem Graphitheizer wird eine Pyrophyllitscheibe in einen Kupferring gepresst. Einer dieser „Stopfen" wird dann in die Bohrung gedrückt. Für Hochtemperaturexperimente werden Graphit-Widerstandsheizungen verwendet. Dabei handelt es sich um kreisförmige Hohlzylinder mit einem Außendurchmesser von 4 mm, einer Höhe von 4 mm und einer Wandstärke von 0,5 mm. Um einen guten Kontakt zwischen dem Kupferring und der Graphitheizung zu gewährleisten wird zuerst etwas Graphitpulver auf den „Stopfen" gegeben und fest gedrückt, danach folgt eine dünne Graphitscheibe. Der Graphitheizer wird dann vorsichtig in die Bohrung geschoben, bis er auf der Graphitscheibe aufliegt. Es werden geringe Mengen Graphitpulver über und unter die Graphitscheibe eingebracht,welches verhindert, dass im Falle eines Verrutschen des Heizers Probenmaterial zwischen die Graphitscheibe und den Heizer gelangt und somit der Kontakt unterbrochen wird. Wenn die Heizung in die richtige Position geschoben wurde, wird von Hand

3.6. MAX80

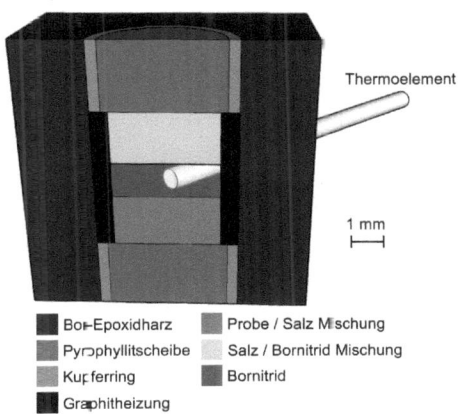

Abbildung 17: Schematischer Aufbau der verwendeten Druckzelle für ein HP/HT Experiment an der MAX80.

eine Bohrung mit einem Durchmesser von 0,6 mm für das Thermoelement gebohrt. Anschließend wird ein Probengemisch bis zur Bohrung für das Thermoelement in die Heizung gegeben und fest gedrückt. Dieses Gemisch besteht aus einem Teil Probe und zwei bis drei Teilen Kochsalz, welches in einem Mörser vermischt wurde. Das Salz dient zum Einen dazu, während des Experiments den Druck direkt zu bestimmen, zum Anderen verbessert es die hydrostatischen Druckeigenschaften. Hexagonales Bornitridpulver wird in die Mitte der Heizung eingefüllt, so dass das Thermoelement, welches am Ende des Zusammenbaus in die Hochdruckzelle eingeführt wird, komplett damit umschlossen ist. So wird verhindert, das das Thermoelement mit der Probe oder dem Salz reagieren kann. Der restliche Hohlraum wird mit einem Salz-Bornitrid Gemisch aufgefüllt, dann folgt wieder Graphitpulver und eine Graphitscheibe. Am Ende wird die Hochdruckzelle mit dem zweiten „Stopfen" verschlossen. Das Thermoelement wird durch die Bohrung in die Mitte der Hochdruckzelle eingeführt und mit Klebstoff fixiert (Abbildung 17).

3.6.3. Durchführung eines Hochdruck-/Hochtemperaturexperimentes

Nach dem Zusammenbau der Hochdruckzelle kann diese in die MAX80 eingebaut werden. Zwei Seitenstempel werden in das bewegliche Druckmodul eingebaut (Abbildung 18) und durch eine Metallschiene auf Abstand gehalten. Die Hochdruckzelle wird auf den Unterstempel gelegt, so dass die Bohrung in vertikaler Richtung verläuft. Die anderen beiden Seitenstempel werden

3.6. MAX80

Abbildung 18: Hochdruckzelle (ohne Thermoelement) mit drei der sechs WC-Stempel im Druckmodul der MAX80.

ebenfalls eingebaut. Mit der Metallschiene wird dann geprüft, ob die Distanz zwischen allen vier Seitenstempeln gleich groß ist. So wird gewährleistet, dass die Probe genau mittig auf dem Unterstempel liegt. Ist dies geschehen, wird das Thermoelement mit dem Eurotherm-Regler verbunden und das Druckmodul wird unter den Oberstempel geschoben und mit einem Metallanker fixiert. Zwischen der Strahlaustrittsblende und dem Druckmodul wird ein Bleirohr auf zwei Stützen gelegt. Dies dient dazu, die Streustrahlung in der Messhütte möglichst gering zu halten. Mit einer hydraulischen Presse wird das Druckmodul jetzt nach oben bewegt, bis die Hochdruckzelle fast den Oberstempel berührt. Nach der sogenannten „Absuche", einer Sicherheitsprozedur, die dazu dient, dass sich keine Person mehr in der Messhütte aufhält, können die Shutter der Beamline geöffnet und mit dem Experiment begonnen werden. Da der Synchrotronstahl eine festgelegte Position hat und nicht beweglich ist, wird mit der Presse die Probe relativ zum Strahl bewegt. Es wird eine Position gewählt, in welcher der Strahl die Probe mittig und in der Nähe des Thermoelements trifft, um Fehler bei der Temperaturmessung aufgrund des thermischen Gradienten, welcher innerhalb des Graphitheizers herrscht, effektiv zu reduzieren. Danach wird der Detektor minimal in z-Richtung justiert, um sicherzustellen, dass optimale Beugungsbedingungen herrschen. Kontrolliert werden diese Bedingungen über die Totzeit des Detektors, es wird der maximal mögliche Wert eingestellt. Eine Mikrometer-Messuhr zeigt die Vertikalbewegung des Detektors relativ zur Umgebung und damit Änderungen im Beugungswinkel an. Während des Druckaufbaus muss die Position immer wieder korrigiert werden, um die Verformung der Druckzelle und damit die Lage des Detektors zu korrigieren. Wird dieser Wert nicht korrigiert, ändert sich der Theta-Winkel und damit die Beugungsbedingungen. Als erstes wird dann ein Röntgenbeugungsspektrum unter Normalbedingungen aufgenommen. Über

3.6. MAX80

die Lage eines NaCl-Peaks wird die Beugungsenergie bestimmt und daraus der Beugungswinkel berechnet. An einem Steuergerät wird dann ein Soll-Wert für den Öldruck eingestellt, den eine Hydraulikpumpe automatisch aufbaut und mit einer Genauigkeit von +/- 0,5 t aufrecht erhält. Ist der eingestellte Druckwert erreicht, wird wieder ein Beugungsspektrum aufgenommen. Die Druckberechnung erfolgt aus den NaCl Beugungsreflexen wie in Abschnitt 3.5.1 beschrieben. Die erste Druckerhöhung dient dazu, Kontakt zwischen den Stempeln und der Hochdruckzelle herzustellen. Ist dies geschehen, kann die Temperatur erhöht werden. Über einen Transformator wird ein Wechselstrom durch die Graphit-Heizung geleitet so dass diese sich erhitzt. Der Transformator wird durch einen Thyristor angesteuert. Die Temperatur innerhalb des Heizers wird durch ein Thermoelement gemessen und in einem Eurotherm-Regler mit der Soll-Temperatur verglichen und die Thyristorspannung entsprechend angepasst. Die gewünschte Temperatur und die Geschwindigkeit der Temperaturerhöhung wird in eine Software eingegeben und dann automatisch eingestellt. Nach erneuter Aufnahme eines Spektrums wird der Öldruck dann schrittweise immer weiter erhöht, bis der gewünschte Druck innerhalb der Hochdruckzelle erreicht ist. Bei jeder Druckstufe wird ein Spektrum aufgenommen. Nach der letzten Messung wird dann zuerst die Temperatur auf Raumtemperatur gebracht und danach der Druck abgelassen. Die Auswertung der Daten wird in Abschnitt 3.8 beschrieben.

3.7. MAX200x

Die MAX200x (Abbildung 19) ist eine zweistufige Multi-Anvil-Presse. Sie steht an der W2-Beamline in der HARWI-Halle, einer Wiggler-Beamline die sehr hohe Energien und sehr hohe Intensitäten erzeugt. Dies ist notwendig, um die Gaskets und die Hochdruckzelle, welche aus Pyrophyllit bzw. Magnesiumoxid besteht, zu durchstrahlen [2]. Genau wie die MAX80 wird die MAX200x mit energiedispersiver Röntgenbeugung betrieben. Die Datenaufnahme erfolgt mit einem Germanium-Festkörper-Detektor der Firma *Ortec* und einem Mehrkanal-Analysator.

Abbildung 19: MAX200x in der Messhütte in der HARWI-Halle.

Die MAX200x lässt sich in x- und z-Richtung mit einer Genauigkeit von 100 Mikrometern bewegen und um die z-Achse rotieren. Mit einem Spaltsystem, bestehend aus einer Blende vor

---

[2] Beide Materialien absorbieren die Röntgenstrahlung stärker als die in der MAX80 verwendeten Bor-Epoxid-Würfel

3.7. MAX200x

(plus der Blende der Beamline), und zwei hinter der Presse lassen sich sowohl der einfallende Strahl exakt auf die Probe als auch der gebeugte Strahl auf den Detektor fokussieren. Somit wird die Störstrahlung ausgeblendet und man erhält optimale Beugungsspektren der Probe.

Die erste Stufe der MAX200x besteht aus sechs Stempeln sud hochfestem Stahl, welche in DIA-Geometrie angeordnet sind. Sie bilden einen kubischen Hohlraum, in den die acht Stempel der zweiten Stufe eingesetzt werden. Diese ebenfalls würfelförmigen Stempel bestehen aus Wolframcarbid (WC) und haben eine Kantenlänge von 32 mm. Die Ecken dieser Würfel sind senkrecht zur Raumdiagonalen gekürzt. Dabei entsteht eine Dreiecksfläche mit einer *truncated egde length* *(TEL)*(Abbildung 20). Die TEL gibt an, für welche Oktaeder und somit welchen Druckbereich die Würfel geeignet sind. An der MAX200x wird standardmäßig mit einem 10/5er-Aufbau gearbeitet. Das bedeutet, die Oktaederkanten haben eine Länge von 10 mm, die TEL beträgt 5 mm. Mit diesem Aufbau ist es möglich, Drücke von bis zu 15 GPa zu erzeugen.

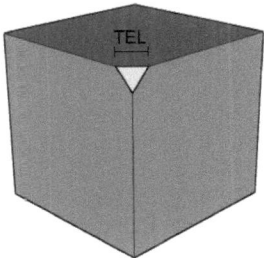

Abbildung 20: Wolframcarbid-Würfel (Kantenlänge 32 mm) mit abgeschliffener Ecke für die Aufnahme eines Oktaeders.

3.7.1. Kalibrierung des Ortec-Detektors

Im Gegensatz zum Canberra-Detektor der MAX80 ist die MAX200x mit einem neueren, elektrisch gekühlten Detektor der Firma *Ortec* ausgestattet. Die Kühlung erfolgt durchgehend. Die Kalibrierung des Detektors erfolgt hier mit der Software, die auch zur Datenaufnahme dient. Es wird die gleiche Americium^{241}-Quelle verwendet, mit der auch die Kalibrierung an der MAX80 erfolgt, hier werden nur zwei Fluoreszenzlinien benötigt. Um einen weiten Energiebereich abzudecken, wird die $K_{\alpha 1}$-Linie von Rubidium mit einer Energie von 13,375 keV und die $K_{\beta 1}$-Linie von Terbium mit einer Energie von 50,335 keV verwendet. Die beiden Fluoreszenzpeaks werden jeweils einzeln markiert und ihnen die entsprechende Energie zugewiesen. Durch eine lineare Extrapolation werden auch die höheren Energiebereich zugeordnet.

3.7.2. Aufbau der Hochdruckzelle MAX200x

Als erstes werden die WC-Würfel der zweiten Druckstufe vorbereitet. Bei vier WC-Würfeln werden Dichtungen (Gaskets) aus Pyrophyllit um jeweils eine Dreiecksfläche geklebt. Als Klebstoff wird Sekundenkleber verwendet, wobei man darauf achten sollte, so wenig wie möglich zu benutzen, da der Kleber unter Druck als Gleitmittel fungiert und bei hohen Temperaturen das Hartmetall beschädigt. Die Dichtungen haben einen trapezförmigen Grundriss (Abbildung 21) und werden in zwei unterschiedlichen Größen verwendet (Tabelle 5).

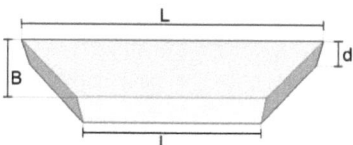

Abbildung 21: Pyrophyllit Gasket.

Um eine lückenlose Umschließung des Oktaeders zu gewährleisten werden die Gaskets nach einem bestimmten Schema aufgeklebt (Tabelle 6). Hinter die Gaskets werden dünne Pappen geklebt, die exakt auf die Würfelflächen passen. Diese Pappen sind dazu da, ein zu starkes Ausfliessen der Gaskets unter Druck zu verhindern. Die restlichen vier WC-Würfel werden mit einer dünnen, selbstklebenden Teflonfolie beklebt. Die Folie wird so angeordnet, dass die drei angrenzenden Flächen einer Dreiecksfläche bedeckt sind. Die Teflonfolie dient zur elektrischen Isolation der einzelnen WC-Würfel gegeneinander. Die so vorbereiteten Würfel werden jetzt auf Epoxidplatten geklebt, jeweils zwei mit Teflonfolie und zwei mit Gaskets zusammen auf eine Platte, so dass sich in der Mitte der vier Würfel ein pyramidenförmiger Hohlraum befindet, in den den Oktaeder gelegt wird. Für Hochtemperaturexperimente werden die Epoxidplatten mit einem Schlitz versehen, durch den eine dünnen Kupferfolie gesteckt wird, welche als Kontakt zwischen dem Ober- und Unterstempel sowie jeweils einem WC-Würfel dient. Außerdem müssen für Hochtemperaturexperimente in zwei Gaskets Aussparungen gefeilt werden, durch die die Kupferspirale mit den Thermoelementen geführt wird.

3.7. MAX200x

Tabelle 5: Maße der Pyrophyllit Gaskets.

	L	l	d	B
kurze Gaskets	16 mm	7,5 mm	2,1 mm	5 mm
lange Gaskets	18,5 mm	10 mm	2,1 mm	5 mm

Tabelle 6: Klebeschema der Pyrophyllit-Gaskets.

Würfel 1	Würfel 2	Würfel 3	Würfel 4
kurz	lang	lang	lang
kurz	lang	lang	kurz
kurz	lang	kurz	kurz

Wenn das geschehen ist, werden die Hochdruckzellen präpariert. Für die MAX200x werden Hochdruckzellen der Firma *Ceramic Substrates and Components Ltd* verwendet. Es handelt sich um Oktaeder, die aus gesintertem Magnesiumoxid mit einer 5 %igen Beimischung aus Chromoxid bestehen. Die Kantenlänge eines Oktaeders beträgt 10 mm. Mittig durch eine Fläche wird eine Bohrung mit einem Durchmesser von 3 mm gefräst. Für Hochdruckexperimente wird ein symmetrischer Aufbau benutzt. Eine Seite der Bohrung wird mit einer Scheibe aus Molybdän verschlossen. Molybdän hat gegenüber dem Kupferring mit der Pyrophyllitscheibe den Vorteil, dass es eine höhere Festigkeit besitzt und beim Druckaufbau nicht so leicht abgeschert wird. Ein Probengemisch, analog zu dem, welches für die MAX80 verwendet wird, wird in die Bohrung gefüllt und angepresst. Zum Schluss wird dann die andere Öffnung ebenfalls mit einer Molybdänscheibe verschlossen.

Für Hochdruck-/Hochtemperaturexperimente ist der Aufbau deutlich komplizierter. Für die Temperaturmessung wird eine Typ D Thermoelement verwendet. Es besteht aus einer Wolfram-Rhenium Legierung mit 3 % (Plus-Pol), bzw. 25 % (Minus-Pol) Rheniumanteil und wird in zwei verschiedenen Dicken benutzt. Innerhalb des Oktaeders wird ein Draht mit einer Dicke von 0,1 mm benutzt, damit möglichst wenig Probenraum vom Thermoelement belegt wird. Außerhalb des Oktaeders wird ein Draht mit einem Durchmesser von 0,2 mm verwendet, da dieser widerstandsfähiger gegen auftretende Zugkräfte ist, welche durch das Ausfließen der Pyrophyllit-Gaskets entstehen. Für die Hochdruck-/Hochtemperaturexperimente werden Oktaeder verwendet, in die zwei Schlitze gefräst wurden (Abbildung 22), in denen die Thermoelementdrähte nach außen geführt werden. Die Schlitze sind in einem Winkel von 160 ° angeordnet. Durch diese Anordnung der Schlitze wird erreicht, dass die Thermoelemente nicht mittig durch die Pyrophyllitgaskets geführt werden, da dort die größten Zugkräfte auftreten, die beim Ausfließen der Gaskets entstehen. Eine der Molybdänscheiben wir durch einen Molybdänring mit einem Innendurchmesser von 1,25 mm ersetzt, in den Aussparungen passend zu den Schlitzen vorhanden sind (Abbildung 23). Durch diesen Molybdänring wird das Thermoelement in den Probenraum geführt.

Abbildung 22: Geschlitzer Oktaeder (Kantenlänge 10 mm) für Hochruck-/Hochtemperaturexperimente.

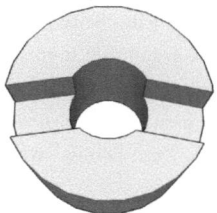

Abbildung 23: Molybdänring für HP/HT-Experimente, Außendurchmesser 3 mm, Innendurchmesser 1,25 mm, Dicke 2 mm.

In den Oktaeder werden zunächst eine Molybdänscheibe und die Graphit-Heizung eingesetzt. Die Molybdänscheibe wird in die Seite ohne Schlitze eingesetzt. Dann wird der Oktaeder gedreht, so dass die Fläche mit den Schlitzen oben liegt. Dort wird jetzt der Molybdänring eingesetzt und so gedreht, dass die Aussparungen mit den Schlitzen übereinstimmen. Dann wird das Thermoelement vorbereitet. Ein Vierlochkapillarröhrchen aus Aluminiumoxid mit einem Außendurchmesser von 1,2 mm wird auf eine Länge von 2 mm gekürzt. Von den dünnen Thermodrähten werden jeweils ca. 4 cm lange Stücke abgeschnitten und durch zwei nebeneinander liegende Kapillarlöcher durch das Röhrchen geschoben. Mit einer Pinzette wird dann jeweils ein 1 mm langes Stück der Drähte um 180 ° gebogen, so dass ein kleiner Haken entsteht. Diese beiden Haken werden jetzt überkreuz in die zwei leeren Kapillarlöcher der Kapillare zurückgeführt. Das so präparierte Thermoelement wird jetzt in den Molybdänring eingesetzt. Die Thermodrähte werden dann direkt oberhalb der Vierlochkapillare abgeknickt und in die Schlitze im Oktaeder gedrückt. Zur elektrischen Isolation der Drähte gegenüber dem Molybdänring wird jeweils ein Al_2O_3-Röhrchen auf die Thermodrähte gefädelt und bis zum Vierlochkapillarröhrchen geschoben. Eine Kupferspirale mit einem Innendurchmesser von 0,6 mm wird dann auf jeden Thermodraht gesteckt und bis zum Rand des Oktaeders geschoben, so dass sie ein Stück in den Schlitz hineinragen. Wird der Oktaeder in die WC-Würfel eingesetzt, liegt die Kupferspirale im Bereich der Pyrophyllitgaskets. Sie dient dazu, die Zugkräfte, welche beim Ausfließen der Gaskets auftreten, aufzufangen und so das Thermoelement zu schützen. Des weiteren wird innerhalb der Spirale der Kontakt zwischen den dünnen und den dicken Thermodrähten hergestellt. Danach werden die Schlitze und der verbliebene Hohlraum in dem Molybdänring mit einer Mischung aus Hochtemperaturkitt und Härter aufgefüllt. Dies dient zum fixieren des Thermoelements und zur Stabilisierung des Oktaeders, da die Struktur durch die Schlitze geschwächt wurde. Anschließend wird der Oktaeder für zwei Stunden zum Aushärten bei 150 °C in einen Trockenschrank gestellt. Nach dem Aushärten wird der Molybdänring mit einer Rasierklinge von überflüssigem Kitt gereinigt, um einen guten elektrischen Kontakt zu gewährleisten. Der Oktaeder wird dann so gedreht, dass die Fläche mit dem Molybdänring unten liegt. Um die Probe einfüllen zu können, wird die Molybdänscheibe entfernt. Als erstes wird hexagonales Bornitridpulver in die Öffnung gefüllt, bis das Thermoelement vollständig damit bedeckt ist. Nachdem das Pulver kompaktiert wurde, wird das Proben-/Salzgemisch eingefüllt und ebenfalls verfestigt. Zum Schluss wird eine dünne Schicht Graphitpulver eingefüllt und der Oktaeder wird wieder mit der Molybdänscheibe verschlossen. Abbildung 24 zeigt einen Querschnitt durch den inneren Probenaufbau innerhalb des Oktaeders.

Danach wird der Oktaeder in den Hohlraum der vier WC-Würfel gelegt (Abbildung 25). Für Hochdruckexperimente ist die Ausrichtung des Oktaeders nicht wichtig, bei Hochdruck-/Hochtemperatur-Experimenten muss dagegen darauf geachtet werden, dass die Molybdänteile auf den Dreiecksflächen der Würfel liegen, die über die Kupferfolie mit dem Ober- bzw. Unterstempel verbunden werden. In die Kupferspiralen wird dann jeweils ein ca. 15 cm langes Stück des dicken Thermodrahts gesteckt und die Spirale danach etwas zusammengedrückt, damit der Draht nicht so leicht heraus rutschen kann. Über den dicken Draht wird dann noch zur elektrischen Isolation ein Teflonschlauch geschoben. Danach werden die anderen vier WC-Würfel um 180 ° gedreht und von oben auf das Oktaeder gelegt. Dabei ist darauf zu achten, dass die WC-Würfel so gedreht werden, dass die Gaskets aufeinander passen. Zum Schluss werden die acht WC-Würfel mit vier weiteren Epoxidplatten an den Seiten zusammengeklebt. Dies dient

3.7. MAX200x

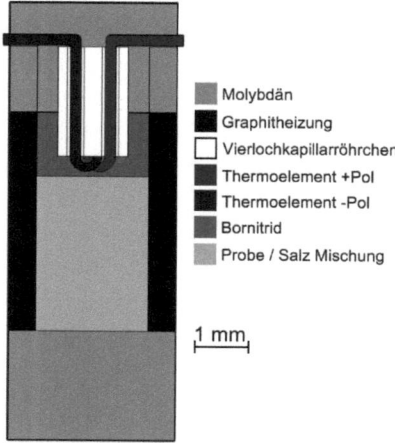

Abbildung 24: Innerer Aufbau eines Hochdruck-/Hochtemperaturexperiments der MAX200x.

zum einen der Stabilität, man kann die WC-Würfel problemlos in die Öffnung der Stempel der ersten Stufe transportieren, zum anderen dienen die Platten auch der elektrischen Isolation zwischen den Stempeln der ersten Stufe und den WC-Würfeln.

3.7.3. Durchführung eines Hochdruckexperimentes

Vor Beginn der eigentlichen Messung wird eine Druckzelle mit Kochsalz gefüllt und auf die unteren vier WC-Würfel in die Presse gelegt. Mit dieser Kochsalzprobe werden die Blenden zwischen dem Druckmodul und dem Detektor justiert. Sie müssen so eingestellt werden, dass nur Beugungsreflexe des Kochsalzes sichtbar sind. Nach der Justage wird die Kochsalzprobe wieder ausgebaut und die Druckzelle mit der Probe kann eingesetzt werden. Der Oktaeder muss so orientiert sein, dass die Neigung der Bohrung senkrecht zum einfallenden Strahl liegt, da ansonsten die Molybdänscheiben die Strahlung absorbieren würden. Die Seitenstempel können über ein Gewinde abgesenkt oder angehoben werden. Durch drehen werden diese dann abgesenkt und mit einer Wasserwaage, welche auf jeweils den beiden gegenüberstehenden Stempeln liegt, wird kontrolliert, dass sie gleichmäßig abgesenkt werden und die Druckzelle genau ins Zentrum geschoben wird. Wenn alle vier Seitenstempel an der Druckzelle anliegen, wird der Drehmechanismus so lange weiter bewegt, bis die Gewinde nicht mehr an den Stempeln anlie-

3.7. MAX200x

Abbildung 25: Zweistufiger Hochduckzellenaufbau der MAX200x.

gen. Dieses „Freidrehen" ist notwendig, da ansonsten durch die Bewegungen beim Druckaufbau die Gewinde stark beschädigt werden. Mit einem mechanischen Kettenantrieb wird dann das Druckmodul in die Mitte der Presse bewegt. Auch hier muss wieder eine „Absuche" der Messhütte durchgeführt werden, bevor der Strahl in die Messhütte gelassen werden kann. Über die Relativbewegung der Presse zum einfallenden Synchrotronstrahl wird der Strahl in die Mitte der Probe bewegt. Dann wird wieder Spektrum bei Raumdruck aufgenommen und mit Hilfe der Lage des NaCl-Peaks der exakte Beugungswinkel bestimmt. An der MAX200x kann in die Steuerungssoftware ein Druckprofil eingegeben werden. Der Öldruck in der Presse wird dann über die Software automatisch aufgebaut und auch wieder abgelassen. Der Öldruck kann mit maximal 100 bar pro Stunde auf- bzw. abgebaut werden. Aufgrund von Deformationen innerhalb der Druckzelle wird zu Beginn des Experiments der Druck deutlich langsamer aufgebaut, auch der Druckabbau läuft mit einer geringeren Geschwindigkeit ab, um Spannungen in den WC-Würfeln langsam abzubauen. Ein typisches Druckprofil ist in Abbildung 26 dargestellt.

3.7.4. Durchführung eines Hochdruck-/Hochtemperaturexperimentes

Die Justage erfolgt genau wie in Abschnitt 3.7.3 beschrieben, auch der Einbau der Druckzelle verläuft ähnlich, jedoch muss vor dem „Freidrehen" das Thermoelement mit einem Messgerät

3.7. MAX200x

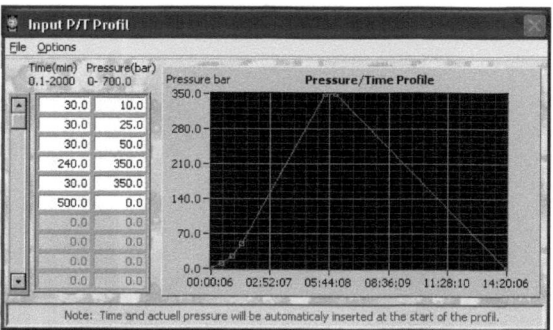

Abbildung 26: Verlauf des Öldrucks während eines Hochdruckexperimentes.

verbunden werden. Dies geschieht mit Hilfe von Lüsterklemmen. Dabei muss die korrekte Polung beachtet werden, da ansonsten falsche Messwerte angezeigt werden. Der Druckaufbau erfolgt analog zu der in Abschnitt 3.7.3 beschriebenen Prozedur. Im Gegensatz zu den Hochtemperatur-Experimenten an der MAX80 werden die Experimente an der MAX200x isobar durchgeführt, d. h. die Temperatur wird bei konstantem Druck erhöht, da noch keine automatische Temperaturregelung möglich ist. Die Graphitheizung wird über einen Wechselspannungstrafo versorgt, welcher von einem Potentiometer manuell angesteuert wird. Die Spannung am Potentiometer wird solange erhöht, bis die Anzeige des Thermoelements die gewünschte Temperatur anzeigt. Dann wird ein Beugungsspektrum aufgenommen und danach wird die Temperatur wieder erhöht. Nachdem ein Spektrum bei der gewünschten Maximaltemperatur aufgenommen wurde, wird die Temperatur langsam herunter geregelt und der Druck kann automatisch abgelassen werden.

3.8. Rietveld-Methode

Die Rietveld-Methode ist ein vom niederländischen Physiker Hugo Rietveld Ende der 60er Jahre entwickeltes Verfahren zur Kristallstrukturverfeinerung polykristalliner Proben mittels Neutronenstrahlung [46, 47]. Seit Mitte der 70er Jahre wird es auch zur Strukturverfeinerung von Röntgenbeugungsdaten verwendet.

Das Ziel der Rietveld-Methode ist die Minimierung eines Residuumfaktors S_y mittels der Methode der kleinsten Fehlerquadrate:

$$S_y = \sum_i w_i \left(y_i - y_c i\right) 2 \tag{35}$$

mit $w_i = 1/y_i$, y_i ist die beobachtete Intensität an der $i$ten Stelle und y_{ci} die berechnete Intensität an der $i$ten Stelle, die mit folgender Gleichung berechnet wird [48]:

$$y_{ci} = s \sum_k L_k \left|F_k\right|^2 \phi \left(2\theta_i - 2\theta_k\right) P_k A + y_{bi} \tag{36}$$

Die Parameter der Gleichung sind in Tabelle 7 aufgeführt.

Tabelle 7: Parameter aus Gleichung 36.

Parameter	Erklärung
s	Skalierungsfaktor
k	Miller-Indizes $h\ k\ l$
L_k	Lorentz-, Polarisations- und Multiplizitätsfaktoren
ϕ	Reflexprofil-Funktion
P_k	Funktion für bevorzugte Orientierung
A	Absorptionsfaktor
F_k	Strukturfaktor für den $k$ten Braggreflex
y_{bi}	Hintergrundintensität

Ein Pulverbeugungsdiagramm einer kristallinen Probe kann als Ansammlung individueller Reflexprofile angesehen werden. Jedes dieser Profile besitzt individuelle Reflexpositionen und -höhen, Halbwertsbreiten und eine integrierte Fläche, welche proportional zu den jeweiligen Bragg-Intensitäten I_k ist. k steht hier für die Miller-Indizes $h\ k\ l$; I_k ist proportional zum Quadrat des absoluten Wertes des Strukturfaktors $|F_k|^2$. Dabei ist es möglich, dass einzelne Reflexe sich ganz oder teilweise überlagern, aber nicht einzeln aufgelöst werden können. Da bei der

3.8. Rietveld-Methode

Rietveld-Methode zu Beginn beobachteten Intensitäten keine bestimmten Bragg-Reflexe zugeordnet werden und auch kein Versuch unternommen wird, überlappende Reflexe einzeln aufzulösen ist es notwendig, mit einem guten Struktur-Ausgangsmodell zu arbeiten. Typischerweise tragen mehrere Bragg-Intensitäten zur beobachteten Intensität y_i eines bestimmten Punktes des Beugungsprofils bei. Daher wird die berechnete Intensität y_{ci} als Summe von benachbarten, innerhalb einer bestimmten Distanz liegenden Bragg-Reflexen plus einem Hintergrund bestimmt. Der Hintergrund kann entweder graphisch aus dem Beugungsdiagramm bestimmt werden, oder man benutzt ein numerisches Modell für dessen Berechnung.

Die Spektren dieser Arbeit wurden mit dem GSAS/EXPGUI-Softwarepaket ausgewertet [49, 50]. Für die Auswertung wurden die gemessenen Daten, welche in einer zweispaltigen (X = Kanalnummern, Y = Intensitäten) ASCII-Datei vorlagen, mit einem Mathematica-Script in das benötigte gsa-Format umgewandelt. Die gsa-Dateien bestehen aus einem dreizeiligen Kopfbereich, wo der Name der Ursprungsdatei, der Verweis auf eine benötigte Instrumenten-Parameter-Datei (prm-Datei) und die Parameter der Energiekalibrierung abgelegt sind. Im Hauptteil der Datei werden die Intensitäten fortlaufend zehnspaltig untereinander geschrieben. Die prm-Datei beinhaltet die Eigenschaften des verwendeten Detektors und der angewandten Messmethode, in diesem Fall energiedispersive Röntgenbeugung. Der wichtigste Eintrag in dieser Datei ist der 2θ-Winkel des Detektors. Da es sich bei der Rietveld-Methode nur um eine Strukturverfeinerung handelt, muss noch ein Startmodell der Kristallstruktur angegeben werden. Die benötigten kristallographischen Informationen dieses Modells, werden aus einer cif-Datei (Crystallographic Information File) importiert:

- Achsenlängen der Elementarzelle
- Winkel zwischen den Achsen
- Raumgruppe
- äquivalente Punktlagen
- enthaltene Atome
- Positionen der Atome

Falls in der Probe mehrere Phasen enthalten sind, wird für jede dieser Phase eine cif-Datei benötigt. Die Ergebnisse der Verfeinerung werden in einer lst-Datei ausgegeben. Dort sind die Parameter aufgelistet, welche verfeinert wurden, sowie welche Fehler sie aufweisen.

3.9. Brillouin-Experimente

3.9.1. Diamantstempelzellen

Um Proben unter hohen Drücken (es können Drücke von mehr als 300 GPa erreicht werden) untersuchen zu können, werden Diamantstempelzellen verwendet. Diamanten bieten den Vorteil, das sie zum Einen eine hohe Festigkeit besitzen, zum Zweiten für viele Strahlungsarten transparent sind, z. B. sichtbares Licht und Röntgenstrahlung, so dass es möglich ist, die Probe mit unterschiedlichen Methoden zu untersuchen. Um diese Drücke (p) erzeugen zu können, wird nur eine geringe Kraft (F) benötigt, da diese auf eine sehr kleine Fläche (a) wirkt.

Im Kern bestehen Diamantstempelzellen aus zwei Diamanten im Brillantschliff mit abgeflachter Spitze (Kalette). Zwischen den Kaletten befindet sich der Probenraum, welcher an den Seiten von einem Gasket begrenzt wird (Abbildung 27). Das Gasket besteht meistens aus Stahl, Rhenium oder Beryllium. Wirkt eine axiale Kraft die Diamanten in Richtung der Kalette wird der Probenraum zusammengepresst und über die Kompresiibilität der verwendeten Flüssigkeit und die Deformation der Probenkammer Druck aufgebaut.

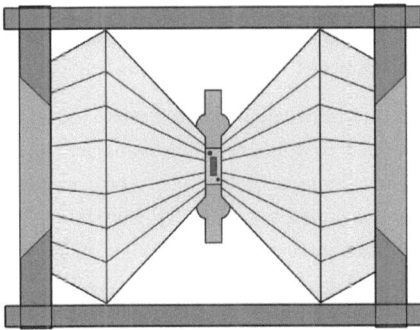

Abbildung 27: Schematische Darstellung einer Diamantstempelzelle. Die Diamanten und das Gasket umschließen den Probenraum, welcher mit einem Druckmedium (hier Methanol-Ethanol-Wasser Gemisch), der Probe (hier Gahnit) und Rubinen als Druckstandard befüllt ist.

3.9.2. Vorbereitung des Experiments

Für die Hochdruck-Brillouin-Experimente wurde eine Diamantstempelzelle des Deutschen GeoForschungsZentrums verwendet. Der Durchmesser der Kalette betrug 600 μm, der Durchmesser

3.9. Brillouin-Experimente

der Tafel 3,5 mm und die Höhe 2,5 mm. Als Gasket wurde eine 250 μm dicke Scheibe aus gehärteten Stahl Typ T301 verwendet. In das Gasket wurde eine Vertiefung gedrückt, indem sie zwischen die Diamanten in die Zelle gelegt und zusammengedrückt wurde. Die Dicke der Vertiefung betrug ca. 60 μm. In die Mitte dieser Vertiefung wurde mittels Funken-Erosion ein Loch mit einem Durchmesser von 300 μm erodiert, welches dann als Probenkammer diente. Zum Befüllen der Diamantstempelzelle wurde das Gasket wieder passend auf eine Diamantspitze gelegt. Als erstes wurde ein Stück der Gahnit-Probe in die Öffnung gelegt. Um die Probe herum wurden dann einige kleine Rubinkristalle mit einem Durchmesser von ca. 10 μm angeordnet, welche später zur Druckbestimmung verwendet wurden. Durch die Verwendung mehrere Rubine war es möglich zu überprüfen, ob der Druck innerhalb der Zelle gleichmäßig aufgebaut wurde oder ob es Druckgradienten gab. Zum Schluss wurde der Probenraum mit einem Methanol-Ethanol-Wasser Gemisch im Verhältnis 16:3:1 aufgefüllt, welches als Druckmedium fungiert. Danach wurde der zweite Diamant von oben vorsichtig auf das Gasket abgesenkt, um den Probenraum zu verschliessen. Der Druckaufbau erfolgt mit Hilfe von vier Schrauben, welche symmetrisch angeordnet sind. Zwei der Schrauben sind mit einem Linksgewinde, zwie mit einem Rechtsgeweinde versehen, damit es möglich ist, zwei gegenüberliegende Schrauben gleichzeitig anzuziehen um so ein gleichmässiges Absenken der Diamanten zu gewährleisten und Scherspannungen zu vermeiden. Zum Schließen der Zelle wurde bereits ein kleiner Druck angelegt, damit kein Druckmedium mehr entweichen kann.

Zur Druckbestimmung wurde ein Mikroskop mit integriertem Lasersystem verwendet. Zunächst wurden die Fluoreszenzlinien eines Rubins unter Umgebungsbedingungen gemessen, um einen Referenzwert für die Druckberechnung zu bekommen. Dazu wurde der Laser auf den Rubin fokussiert und die Fluoreszenzlinien gemessen. Danach wurden die Positionen der Fluoreszenzlinien der drei Rubine in der Diamantstempelzelle auf die gleiche Weise gemessen. Der Druck wurde dann wie in Abschnitt 3.5.2 beschrieben bestimmt.

3.9.3. Aufbau des Experiments

Der gesamte Versuchsaufbau für das Brillouin-Experiment ist auf einem schwingungsgedämpften optischen Tisch der Firma *Newport* installiert. Hauptbestandteile des Experiments sind ein Nd:YVO4-Laser, eine Eulerwiege zur Positionierung der Probe und ein Sandercock-Typ Tandem-Multipass Fabry-Pérot-Interferometer (im folgenden „FPI" genannt) mit angeschlossenem Photomultiplier, welches zur Datenaufnahme an einen Computer angeschlossen ist (Abbildung 28). Der rote HeNe-Laser wird nur zur Justage verwendet und während der Messungen nicht benötigt. Der Spiegel, mit dem er in den Strahlengang eingefädelt wird, lässt sich einfach ausbauen, damit der grüne Laser in das FPI einfallen kann.

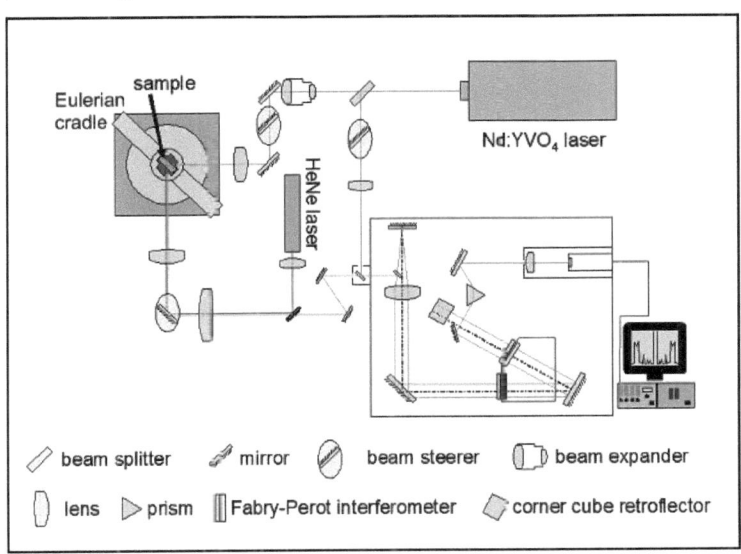

Abbildung 28: Schematischer Aufbau des Brillouin-Experiments am Deutschen GeoForschungs-Zentrum (Speziale [51]).

Die Diamantstempelzelle wird auf einem Goniometerkopf in der Eulerwiege befestigt (Abbildung 29). Die Eulerwiege lässt sich mit Hilfe eines Translationstisches in alle drei Raumrichtungen mit einer Genauigkeit von zehn Mikrometern bewegen. Der Nd:YVO4-Laser erzeugt einen Laserstrahl mit einer Wellenlänge von 532 nm (im folgenden „grüner Laser" genannt).

Der grüne Laser wird in zwei Strahlen aufgespalten. Der erste Strahl wird direkt in das FPI geführt, der zweite Strahl wird über Spiegel und Linsen in der Probe fokussiert und dann ebenfalls in das FPI gelenkt. Ein Fabry-Pérot-Interferometer besteht aus zwei halbreflektierenden ebenen Spiegeln, welche parallel zueinander angeordnet sind. Mit einem Piezokristall wird ein Spiegel in Schwingung versetzt, so dass sich ihr Abstand periodisch ändert. Die Amplitude dieser Schwingung liegt im Bereich des verwendeten Lasers (in diesem Fall 600 nm). Bei konstruktiver Interferenz entsteht eine stehende Welle, die eine Transmission nur für diese Wellenlänge erlaubt. In einem Tandem-FPI sind zwei Spiegelpaare unter einem veränderten Winkel hintereinander angeordnet, so dass Transmission nur für Wellenlängen auftritt, welche in beiden Spiegelpaaren konstruktive Interferenz erfahren haben. In dem verwendeten Tandem-Multipass-

3.9. Brillouin-Experimente

Abbildung 29: Die Diamantstempelzelle auf einem Goniometerkopf in der Eulerwiege bei einem χ-Winkel von 30 °.

FPI wird das Laserlicht mehrfach innerhalb des Interferometers reflektiert und sechsfach durch die Spiegelpaare geführt. Der Großteil des gestreuten Lichts, welches in das Interferometer einfällt hat keine Energie mit den akustischen Phononen ausgetauscht. Das bedeutet, die Peaks, welche durch die inelastische Streuung hervorgerufen werden, sind um mehrere Größenordnungen kleiner als der Peak, der durch die elastische Streuung (Rayleigh-Streuung) hervorgerufen wird. Des weiteren ist die Frequenzverschiebung der Brillouin-Streuung ebenfalls sehr klein (im Bereich von 1 cm^{-1}). Daher wird ein Interferometer mit hoher Auflösung und Dynamik benötigt.

3.9.4. Durchführung des Experiments

Nach dem Befestigen der Diamantstempelzelle auf dem Goniometer muss diese zuerst justiert werden. Die Probe wird dabei möglichst genau in das Zentrum der Eulerwiege gebracht, damit bei Änderung des χ-Winkels der Laser weiterhin auf der Probe fokussiert ist. Aufgrund der sehr kleinen Abmessungen der Probe ist es jedoch nicht möglich, diese exakt ins Zentrum zu bringen. Daher wird nach jeder Änderung des χ-Winkels mit einem Mikroskop die Lage des Lasers

3.9. Brillouin-Experimente

überprüft und bei Bedarf nachjustiert. Zum anderen muss der Laser unter einem definierten Winkel auf die Diamantstempelzelle treffen. Dazu wird die vertikale Neigung der Zelle mit Hilfe des Goniometers geändert, die horizontale Neigung wird durch Drehung des φ-Kreises der Eulerwiege korrigiert. Als letztes müssen dann noch der grüne und der rote Laser auf einem Punkt innerhalb der Probe fokussiert werden. Dies geschieht mit Hilfe des Translationstisches der Eulerwiege. Die Höhendifferenz zwischen den beiden Lasern wird mit einer Linse korrigiert. Der rote Laser dient dabei als Referenzpunkt für den grünen Laser, d. h. wenn der grüne und der rote Laser sich überlagern trifft der grüne Laser später auch in das FPI.

Die Experimente wurden in der sogenannten „Forward platelet symmetric scattering"-Geometrie (Abbildung 30) durchgeführt. Üblicherweise wird bei Brillouin-Experimenten mit einem Beugungswinkel von 90 ° gearbeitet. Bei Experimenten in der Diamantstempelzelle gibt es jedoch nur einen beschränkten optischen Zugang zur Probe, bedingt durch das Gasket und den Körper der Diamantstempelzelle. Daher wird ein kleinerer Winkel benutzt, in diesem Fall 60 °.

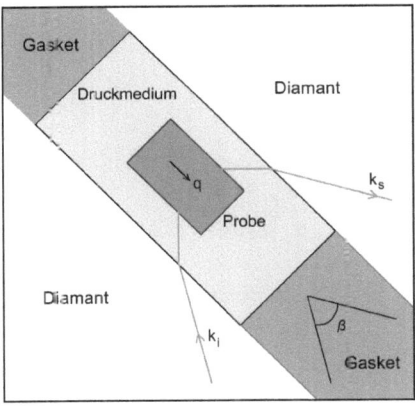

Abbildung 30: Schematische Darstellung der „Forward platelet symmetric scattering"-Geometrie. $\mathbf{k}_i$ und $\mathbf{k}_s$ sind die Wellenvektoren des einfallenden und gebeugten Lichts, $\mathbf{q}$ ist der Wellenvektor des Phonons. β ist der Beugungswinkel, in diesem Experiment 60 °. Aufgrund des symmetrischen Aufbaus des Experiments ist eine Kenntniss der verschiedenen Brechungsindizes der Probe, des Druckmediums und der Diamanten nicht notwendig.

Um die kompletten elastischen Eigenschaften berechnen zu können, ist es notwendig, Messungen bei verschiedenen Winkeln durchzuführen und die Dichte zu kennen (in diesem Fall wurde die Dichte aus den Röntgenbeugungsexperimenten berechnet). In diesem Experiment wurden Brillouin-Spektren bei unterschiedlichen χ-Winkeln aufgenommen, die Schrittweite betrug 15 °

3.9. Brillouin-Experimente

in einem Messbereich von 0 bis 180°. Nach Beendigung aller Messungen einer Druckstufe wurde die Diamantstempelzelle vom Goniometerkopf gelöst. Der Druck wurde erhöht und mit Hilfe der Rubinfluoreszenzen gemessen. Dann wurde die Diamantstempelzelle wieder auf dem Goniometerkopf befestigt und eine neue Messreihe wie oben beschrieben begonnen.

3.9.5. Auswertung der Brillouin-Spektren

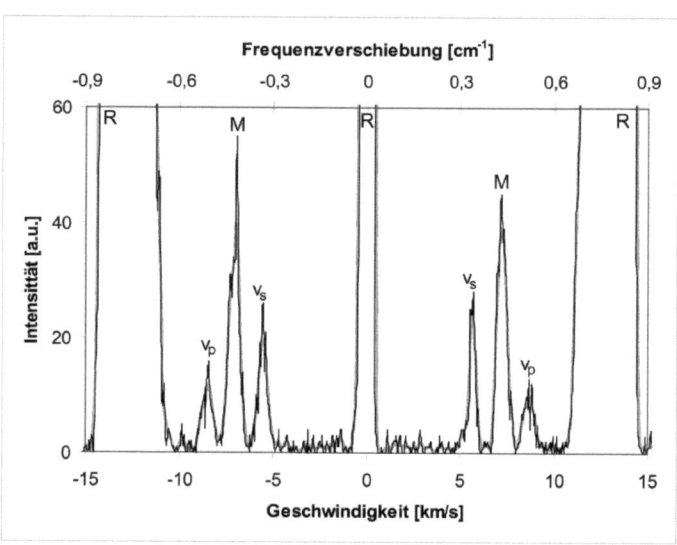

Abbildung 31: Brillouin-Spektrum von Gahnit bei einem Druck von 10,5 GPa und einem χ-Winkel von 75 °. Die schwarze Kurve zeigt die Messdaten, eine geglättete Kurve ist in hellgrau dargestellt. R sind die Rayleigh-Peaks der elastischen Streuung, M ist der Peak der Kompressionswellengeschwindigkeit vom Druckmedium und v_p und v_s sind die Kompressions- bzw. Scherwellengeschwindigkeiten des Probe.

Die Daten wurden mit zwei „In-House"-Programmen ausgewertet, die F. Schilling entwickelt hat. Das Programm *BrillGFZ* diente dazu, aus den gespeicherten Ascii-Dateien zuerst die Peaklage zu ermitteln und die dazugehörigen Geschwindigkeiten zu berechnen. Da die Peaks teilweise sehr schwache Intensitäten besaßen, wurden zwei Eigenschaften des Brillouin-Spektrums zur Identifizierung herangezogen. Zum Einen treten die Peaks immer symmetrisch auf (Stokes- und Anti-Stokes-Effekt, Abbildung 31), zum Anderen besitzen die Peaks, im Gegensatz zum statistischen Rauschen des Untergrundes, eine endliche Halbwertsbreite (Abbildung 32).

3.9. Brillouin-Experimente

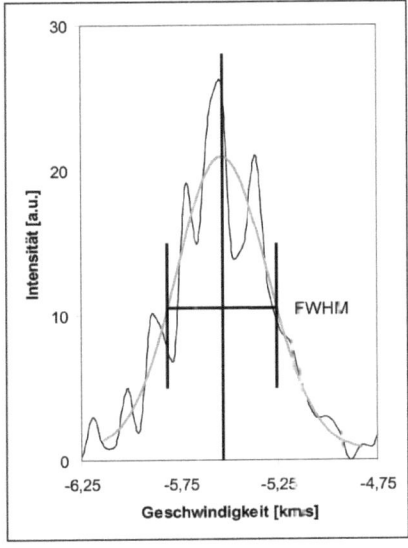

Abbildung 32: Der Peak der s-Welle aus Abb. 31 im Detail. Die dunkle Linie sind die Messdaten, die helle Linie ist ein Gauß-Fit des Peaks. Eingetragen sind auch der Mittelpunkt des Peaks sowie die Halbwertsbreite (FWHM).

Die anschließende Berechnung erfolgte in zwei Schritten: Zuerst wurde die Frequenzverschiebung berechnet. Dabei nutzt man aus, dass die Peaks der Rayleigh-Streuung keine Frequenzverschiebung erfahren, d. h. der mittlere Peak liegt im Nullpunkt des Spektrums (Abbildung 31). Bei den äußeren Rayleigh-Peaks handelt es sich um Interferenzen zweiter Ordnung. Die Lage dieser Peaks ist abhängig vom freien Spektralbereichs (FSR) des FPI, welcher sich mit folgender Gleichung berechnen lässt:

$$\text{FSR} = \frac{1}{2 \cdot D} \quad \text{mit D = Distanz der Spiegel des FPI} \tag{37}$$

Die Distanz zwischen den Spiegeln des FPI am GFZ beträgt 6 mm, was zu einem freien Spektralbereich von 0,833 cm^{-1} führt. Im zweiten Schritt wurden die Geschwindigkeiten der einzelnen Peaks mit Formel 7 berechnet und in Abhängigkeit vom Winkel in eine Datei geschrieben. Diese Datei wurde dann benutzt, um mit dem Programm *Cubic* aus den ermittelten Geschwindigkeiten und Dichten mit Hilfe der Christoffel-Gleichung 13 die elastischen Konstanten zu bestimmen. Dabei werden alle Messwerte verwendet und unter systematischer Variaton der elastischen Eigenschaften die Summe der kleinsten Fehlerquadrate minimiert.

4. Ergebnisse

Abbildung 33 zeigt zwei typische Beugungsdiagramme, welche an der MAX200x aufgenommen wurden. Die Diagramme zeigen Spektren eines Magnetit-/Kochsalzgemisches. Abbildung 33a zeigt ein Spektrum bei Nulldruck, das scharfe Reflexe mit einer maximalen Halbwertsbreite von 0,56 keV aufweist. Abbildung 33b zeigt ein Spektrum der gleichen Messreihe bei 13,35 GPa. Es ist eine deutliche Verschiebung der Reflexpositionen zu höheren Energien zu erkennen, was durch die Verkleinerung der Elementarzellen der Substanzen hervorgerufen wird. Das Kochsalz, welches ein geringeres Kompressionsmodul als Magnetit besitzt, zeigt dabei eine deutlich größere Verschiebung der Reflexpositionen als Magnetit. Es zeigt sich ebenfalls eine deutliche Intensitätsabnahme der Reflexe, was durch die Kompression der Substanzen, das Ausfließen der Pyrophyllitgaskets und damit verbundener höherer Absorption zu erklären ist. Die Verbreiterung der Reflexe wird zudem durch interne Spannungen in der Probe hervorgerufen.

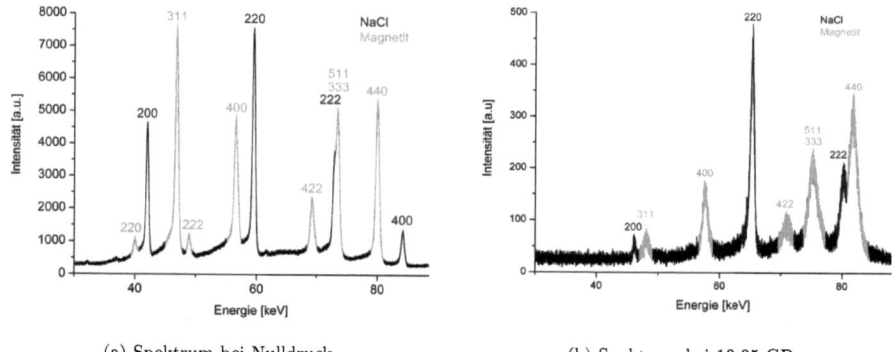

(a) Spektrum bei Nulldruck.   (b) Spektrum bei 13,35 GPa.

Abbildung 33: Beugungsspektren von einer Mischung aus Magnetit- und Kochsalzpulver, aufgenommen an der MAX200x.

4.1. Ergebnisse der Hochdruckexperimente

Die Abbildungen 34, 35 und 36 zeigen das Kompressionsverhalten von Magnetit, Franklinit und Gahnit von Nulldruck bis maximal 15 GPa. Die Daten wurden bei Raumtemperatur an der MAX200x gemessen.

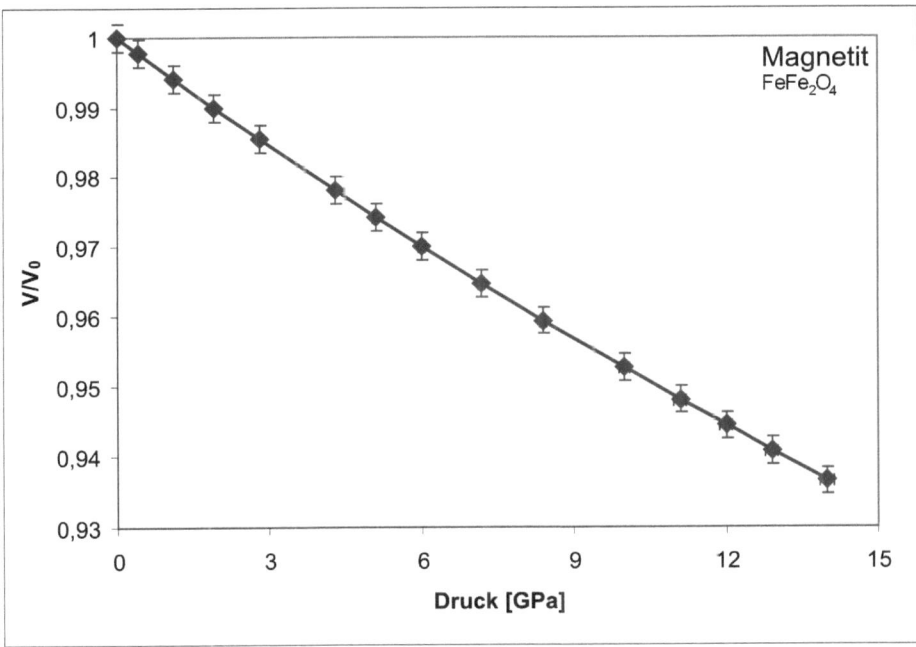

Abbildung 34: Kompression von Magnetit, die Messdaten sind als Symbol dargestellt, die Kurve ist der Kompressionsverlauf aus Gleichung 26 (Birch-Murnaghan EOS zweiter Ordnung) mit dem berechneten Kompressionsmodul $K_T = 187\,\text{GPa}$, K' = 4.

Die Volumina der Elementarzellen der Spinelle wurden direkt aus den Ergebnissen der Rietveld-Verfeinerung abgelesen. Der Druck wurde mit der Zustandsgleichung für Kochsalz von Birch [41] bestimmt, die benötigten Elementerzellparameter von Kochsalz wurden ebenfalls aus den Ergebnissen der Rietveld-Verfeinerung gewonnen. Die Druck-Volumen-Daten wurden an die Zustandsgleichung zweiter und dritter Ordnung von Birch-Murnaghan angepasst, um die isothermen Kompressionsmodule zu bestimmen. In Tabelle 8 sind die berechneten Kompressionsmodule und die gemessen Volumen bei Nulldruck der untersuchten Spinelle aufgeführt.

4.1. Ergebnisse der Hochdruckexperimente

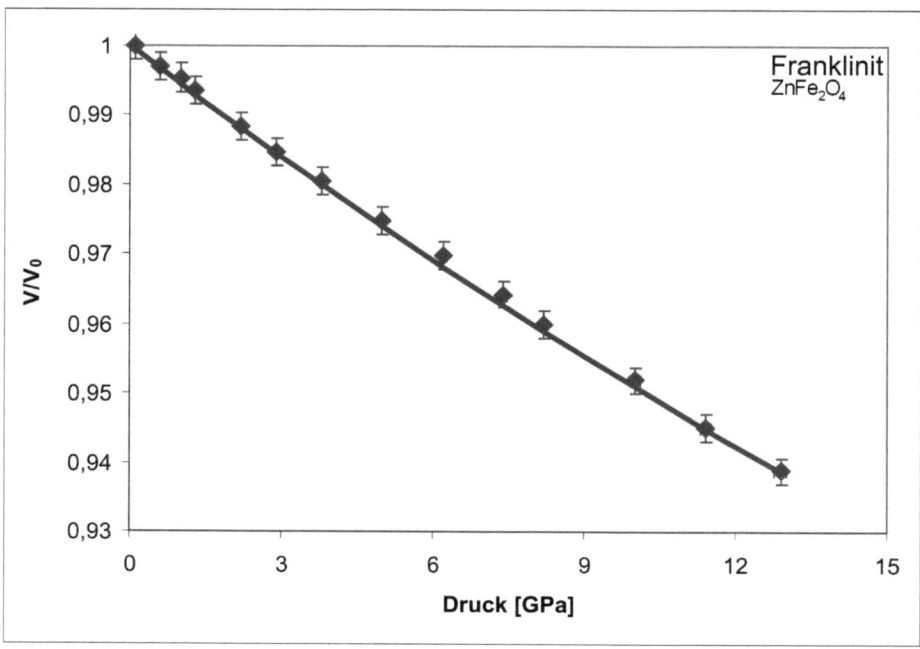

Abbildung 35: Kompression von Franklinit, die Messdaten sind als Symbol dargestellt, die Kurve ist der Kompressionsverlauf aus Gleichung 26 (Birch-Murnaghan EOS zweiter Ordnung) mit dem berechneten Kompressionsmodul $K_T = 180\,\text{GPa}$, K' = 4.

Tabelle 8: Elastische Eigenschaften der gemessenen Spinelle. K_T ist das isotherme Kompressionsmodul, berechnet mit der Zustandsgleichung von Birch-Murnaghan zweiter (26, BM 2nd) und dritter (27, BM 3rd) Ordnung. V_{0obs} ist das gemessene, V_{0calc} das mit der BM 2nd berechnete Elementarzellvolumen bei Umgebungsdruck, K' ist die erste Ableitung von K_T. Die Werte in Klammern geben den 1σ-Fehler aus der Kurvenanpassung der letzten Stelle an.

Probe	V_{0obs}	BM 2nd		BM 3rd	
		V_{0calc}	K_T	K_T	K'
Magnetit	591,963(4) Å³	592,04(5) Å³	187(6) GPa	184(7) GPa	4,5(2)
Franklinit	601,019(3) Å³	601,47(7) Å³	180(5) GPa	178(6) GPa	4,6(4)
Gahnit	528,205(5) Å³	528,19(9) Å³	207(7) GPa	204(9) GPa	4,9(6)

4.1. Ergebnisse der Hochdruckexperimente

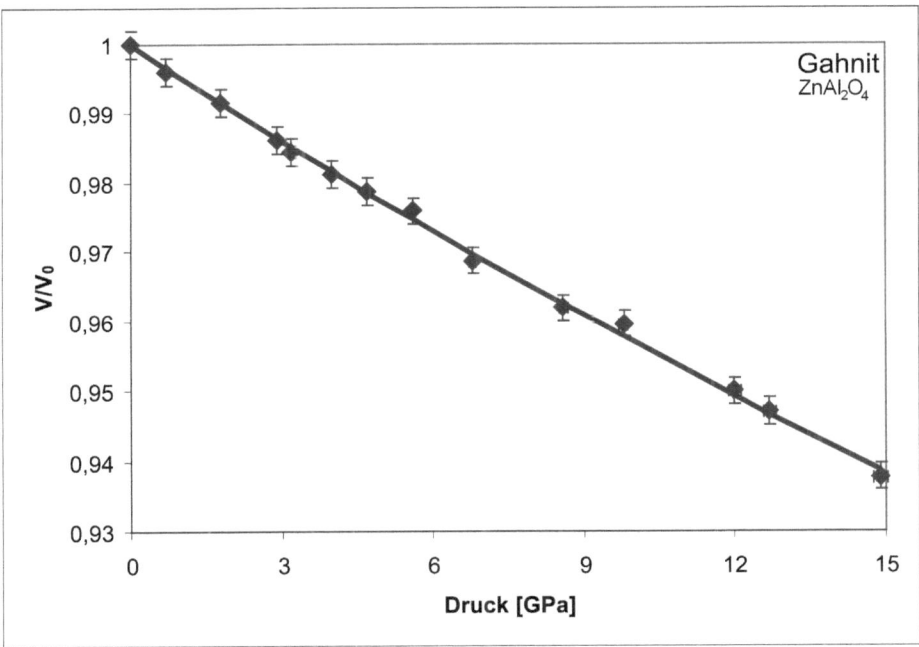

Abbildung 36: Kompression von Gahnit, die Messdaten sind als Symbol dargestellt, die Kurve ist der Kompressionsverlauf aus Gleichung 26 (Birch-Murnaghan EOS zweiter Ordnung) mit dem berechneten Kompressionsmodul $K_T = 207\,\text{GPa}$, K' = 4.

4.2. Ergebnisse der Hochdruck-/Hochtemperaturexperimente

An der MAX80 wurden isotherme Hochdruck-/Hochtemperatur-(HP/HT)-Experimente bis 5 GPa und 1100 Kelvin durchgeführt, d. h. die Temperatur wurde während des gesamten Experimentes konstant gehalten und der Druck erhöht. Die Proben wurden bei Raumtemperatur (298 K), 500, 700, 900 und 1100 Kelvin untersucht. Die Ergebnisse für die einzelnen Messreihen sind in den Abbildungen 37 (Magnetit), 38 (Franklinit) und 39 (Gahnit) grafisch dargestellt.

Jede Messreihe wurde einzeln an eine Birch-Murnaghan Zustandsgleichung zweiter Ordnung angepasst, um die Kompressionsmodule bei den jeweiligen Temperaturen zu erhalten. Da der maximale Druck 5 GPa beträgt und die Hochdruckexperimente an der MAX200x ein $K' \approx 4$ ergaben, ist es nicht notwendig, die Birch-Murnaghan Zustandsgleichung dritter Ordnung zu verwenden. [3] Die berechneten Kompressionsmodule sind in Tabelle 9 aufgeführt, in Abbildung 40 sind diese in Abhängigkeit von der Temperatur dargestellt.

In Abbildung 37 zeigt sich ein deutlicher Sprung zwischen den Messdaten für 700 Kelvin und 900 Kelvin. Dieser Sprung wird durch die Änderungen der magnetischen Eigenschaften oberhalb der Curie-Temperatur (T_C) hervorgerufen. Die Curie-Temperatur von Magnetit liegt bei $T_C \approx 860\ K$ [52, 53].

Tabelle 9: Die mit der Zustandsgleichung von Birch-Murnaghan zweiter Ordnung (Formel 26) berechneten Kompressionsmodule bei unterschiedlichen Temperaturen. Die Werte in Klammern geben den Fehler der letzten Stelle an.

T [K]	Magnetit K_T [GPa]	Franklinit K_T [GPa]	Gahnit K_T [GPa]
298	187(6)	180(5)	207(7)
500	178(7)	175(7)	192(6)
700	168(7)	167(7)	177(8)
900	151(9)	155(7)	154(6)
1100	136(7)	140(6)	132(6)

---

[3] Die Verwendung der Birch-Murnaghan Zustandsgleichung dritter Ordnung würde eine nicht von den Messungen gedeckte Genauigkeit vortäuschen.

4.2. Ergebnisse der Hochdruck-/Hochtemperaturexperimente

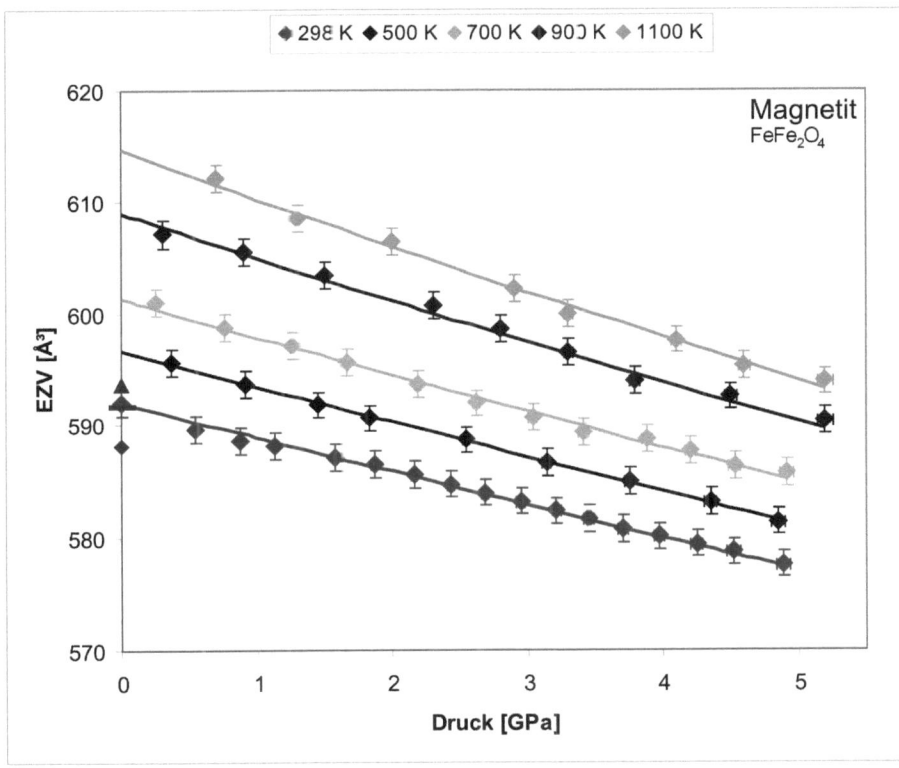

Abbildung 37: Ergebnisse der HP/HT-Experimente für Magnetit an der MAX80. Die Messdaten sind als Symbol dargestellt, die Kurven sind Birch-Murnaghan Anpassungen zweiter Ordnung. EZV steht für das Volumen der Elementarzelle. Die Volumina der Elementarzelle von Finger et al. [54] (588,017 Å^3, Raute), Nakagiri et al. [55] (591,625 Å^3, Balken) und Fjellvåg et al. [56] (593,657 Å^3, Dreieck) sind als Vergleich aufgetragen.

4.2. Ergebnisse der Hochdruck-/Hochtemperaturexperimente

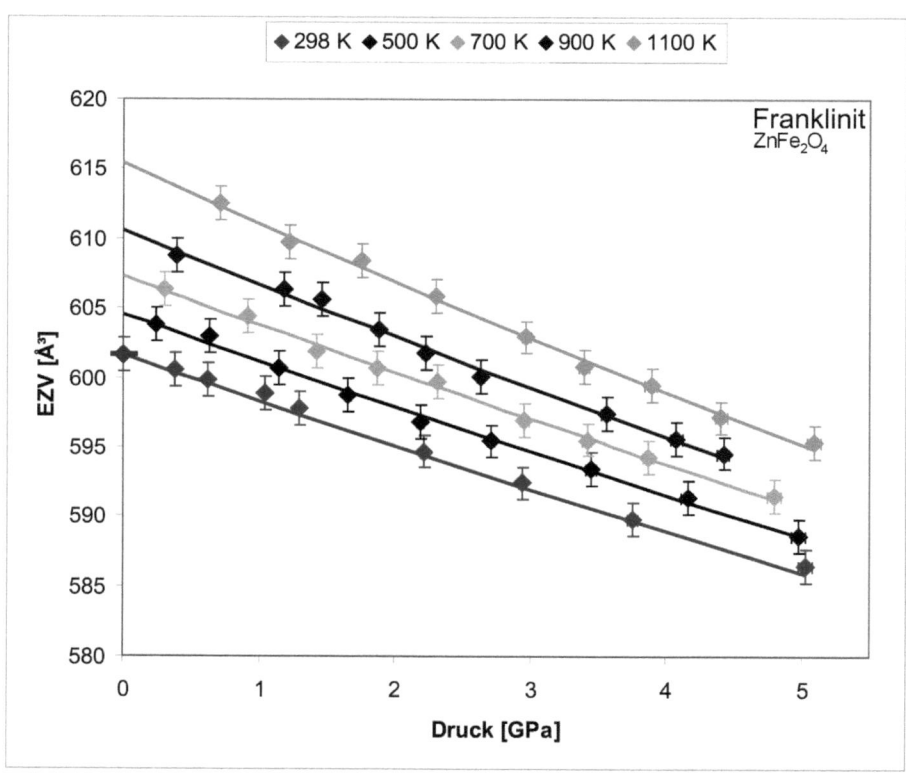

Abbildung 38: Ergebnisse der HP/HT-Experimente für Franklinit an der MAX80. Die Messdaten sind als Symbol dargestellt, die Kurven sind Birch-Murnaghan Anpassungen zweiter Ordnung. EZV steht für das Volumen der Elementarzelle. Die Volumina der Elementarzelle von Levy et al. [57] (601,468 $Å^3$, Raute) und Pavese et al. [58] (601,596 $Å^3$, Balken) sind als Vergleich aufgetragen.

4.2. Ergebnisse der Hochdruck-/Hochtemperaturexperimente

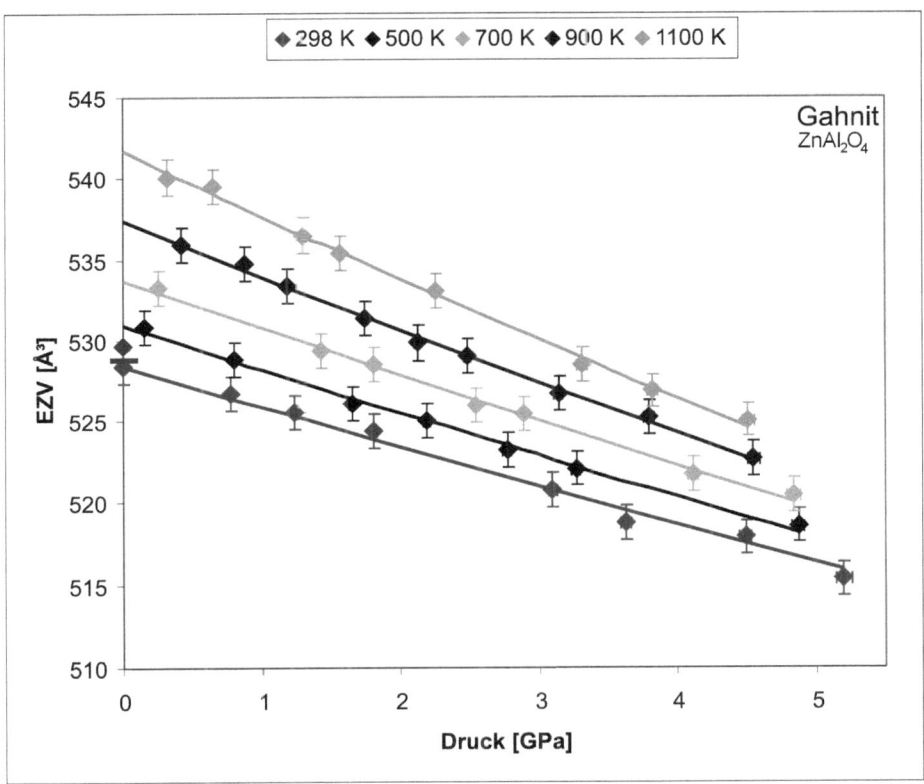

Abbildung 39: Ergebnisse der HP/HT-Experimente für Gahnit an der MAX80. Die Messdaten sind als Symbol dargestellt, die Kurven sind Birch-Murnaghan Anpassungen zweiter Ordnung. EZV steht für das Volumen der Elementarzelle. Die Volumina der Elementarzelle von Reichmann und Jacobsen [59] (529,705 $Å^3$, Raute) und O'Neill und Dollase [60] (528,788 $Å^3$, Balken) sind als Vergleich aufgetragen.

4.2. Ergebnisse der Hochdruck-/Hochtemperaturexperimente

Für die Berechnung des thermischen Ausdehnungskoeffizienten ist es notwendig, dass die Volumina sich nur aufgrund der Temperatur ändern. Das bedeutet, dass die Messpunkte exakt bei gleichen Drücken liegen müssen, da ansonsten eine Volumenänderung aufgrund der Druckänderung auftreten würde. Dies ist experimentell jedoch nicht realisierbar. Daher wurden für die Berechnung des thermischen Ausdehnungskoeffizienten Volumina verwendet, welche mit Hilfe der Kompressionsmodule bei den entsprechenden Temperaturen berechnet wurden. Damit ist gewährleistet, dass die Volumenänderungen nur auf die thermische Ausdehnung zurückzuführen sind. Der thermische Ausdehnungskoeffizient wurde bei Nulldruck sowie in ein Gigapascal-Schritten bis 5 GPa mit Hilfe von Formel 33 berechnet. Die Ergebnisse sind in Tabelle 10 und Abbildung 40 dargestellt.

Tabelle 10: Die berechneten thermischen Ausdehnungskoeffizienten aus Gleichung 33.

p [GPa]	Magnetit[*] α $[K^{-1}]$	Franklinit α $[K^{-1}]$	Gahnit α $[K^{-1}]$
0	$39,0 \cdot 10^{-6}$	$27,5 \cdot 10^{-6}$	$31,2 \cdot 10^{-6}$
1	$37,6 \cdot 10^{-6}$	$25,6 \cdot 10^{-6}$	$27,9 \cdot 10^{-6}$
2	$36,3 \cdot 10^{-6}$	$23,8 \cdot 10^{-6}$	$24,8 \cdot 10^{-6}$
3	$35,0 \cdot 10^{-6}$	$22,1 \cdot 10^{-6}$	$21,8 \cdot 10^{-6}$
4	$33,8 \cdot 10^{-6}$	$20,4 \cdot 10^{-6}$	$18,9 \cdot 10^{-6}$
5	$32,6 \cdot 10^{-6}$	$18,9 \cdot 10^{-6}$	$16,2 \cdot 10^{-6}$

[*] unterhalb T_C

Aus den berechneten Kompressionsmodulen und den thermischen Ausdehnungskoeffizienten wurde der thermische Grüneisenparameter mit folgender Formel berechnet:

$$\gamma_{th} = \frac{\alpha \cdot K_T}{C_V \cdot \rho} = \frac{\alpha \cdot K_S}{C_p \cdot \rho} \qquad (38)$$

Als Dichte ρ wurde die aus den Messdaten berechnete Röntgendichte verwendet:

$$\rho_x = \frac{Z \cdot M}{V \cdot N_A} \qquad (39)$$

Z ist hierbei die Anzahl der Formeleinheiten pro Elementarzelle, M ist die Molmasse, V das Volumen der Elementarzelle und N_A die *Avogadro-Konstante*. Folgende Werte für die Wärmekapazität wurden in der Literatur gefunden: für Magnetit $C_P = 151 \frac{J}{mol \cdot K}$ [61], für Franklinit $C_P = 140 \frac{J}{mol \cdot K}$ [62] und für Gahnit $C_P = 124 \frac{J}{mol \cdot K}$ [63]. Somit ergeben sich folgende Werte

4.2. Ergebnisse der Hochdruck-/Hochtemperaturexperimente

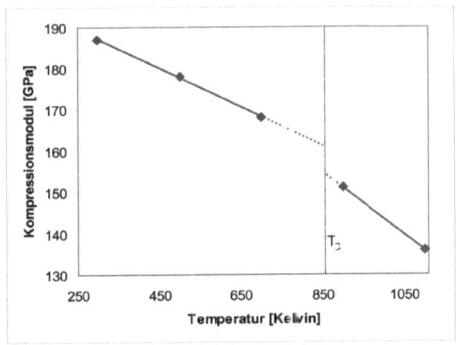

(a) Magnetit, T_C ist die Curie-Temperatur.

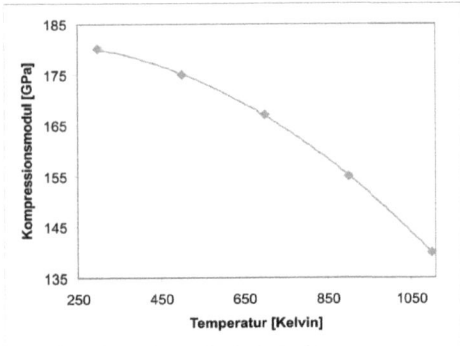

(b) Franklinit.

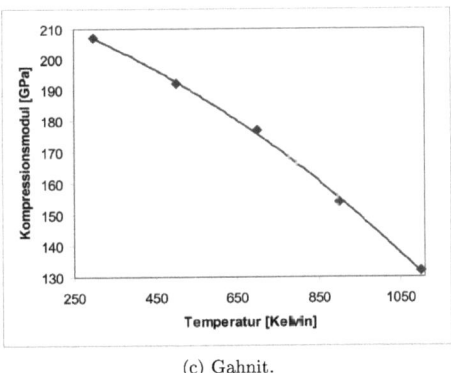

(c) Gahnit.

Abbildung 40: Die Abhängigkeit des Kompressionsmoduls von der Temperatur. Beim Magnetit ist ein deutlicher Sprung im Bereich der Curie-Temperatur zu erkennen. Grund hierfür sind die Änderungen der magnetischen Eigenschaften des Magnetit.

für den thermischen Grüneisenparameter: $\gamma_{th} = 1,16$ für Magnetit, $\gamma_{th} = 0,83$ für Franklinit und $\gamma_{th} = 1,39$ für Gahnit.

4.2. Ergebnisse der Hochdruck-/Hochtemperaturexperimente

An der MAX200x konnte aufgrund eines sehr kleinen Zeitfensters, welches für Experimente zur Verfügung stand, nur eine Hochdruck-/Hochtemperaturmessung durchgeführt werden. Dabei wurde Gahnit bei einem Druck von 16 GPa auf eine maximale Temperatur von 863 K erhitzt. Aufgrund der langen Messzeiten bei diesem Druck wurden nur vier Messpunkte aufgenommen (längere Messzeiten hätten vermutlich zu Schäden an der Apparatur geführt), welche in Abbildung 41 dargestellt sind. Es deutet sich eine Unstetigkeit im Temperaturbereich zwischen 433 und 643 K. Da bei diesen Messungen die Geometrie und die Position der Probe identisch war, sind trotz erheblich absoluter Fehler die relativen Genauigkeiten wesentlich höher.

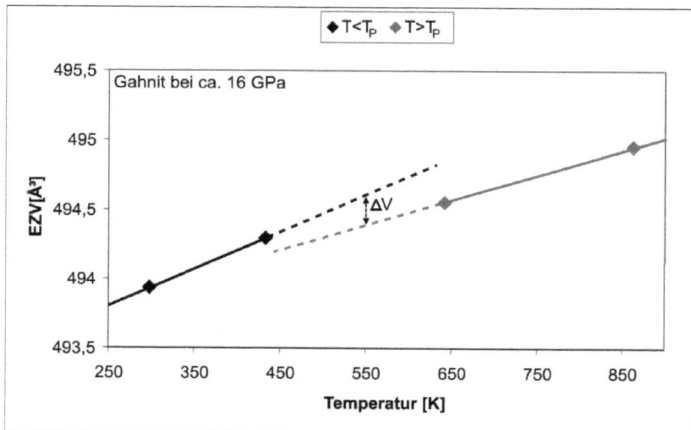

Abbildung 41: Ergebnisse des Gahnit HP/HT-Versuchs an der MAX200x. T_P ist die Temperatur des vermuteten Phasenübergangs, ΔV die abgeschätzte Unstetigkeit bei der Volumenänderung beträgt ca. 0,2-0,3 Å^3.

4.3. Ergebnisse der Brillouin-Streuungs-Experimente

Aus Messungen mit Brillouin-Streuung lässt sich, wenn die Dichte bekannt ist, der komplette elastische Tensor eines Festkörpers bestimmen. Sie werden mit Hilfe der Christoffel-Gleichung 13 aus den Geschwindigkeiten der Kompressions- und Scherwellen berechnet. Da die Geschwindigkeiten (Abbildung 42) und somit auch die elastischen Konstanten richtungsabhängig sind, wird der Einfachheit halber ein Mittelwert, z. B. nach Voigt-Reuss-Hill berechnet. Das berechnete adiabatische Kompressionsmodul K_S, das Schermodul G sowie die drei Komponenten C_{11}, C_{12} und C_{44} des elastischen Tensors sind in Tabelle 11 angegeben.

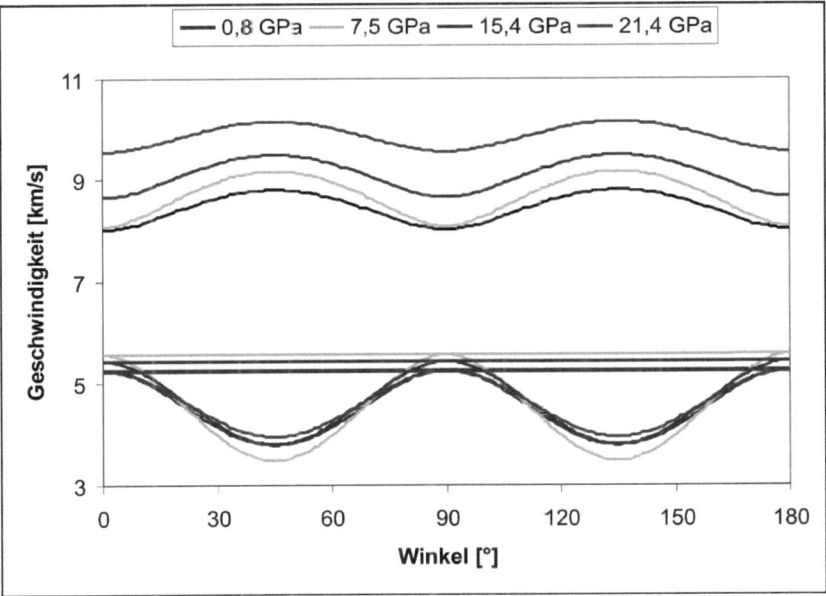

Abbildung 42: Winkelabhängige Änderung der Geschwindigkeiten der Kompressions- (zwischen 8 km/s und 10 km/s) und der Scherwellen (zwischen 3,5 km/s und 5,5 km/s) bei unterschiedlichen Drücken. Aufgrund der Übersichtlichkeit sind nicht alle Druckstufen einzeln aufgeführt.

4.3. Ergebnisse der Brillouin-Streuungs-Experimente

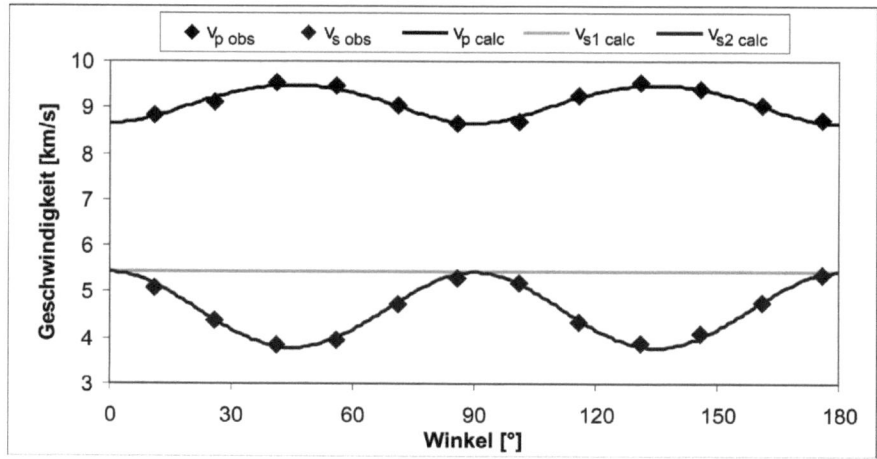

Abbildung 43: Vergleich der gemessenen (*obs*) mit berechneten (*calc*) Geschwindigkeiten für die Gahnitprobe bei 15,4 GPa. $C_{11} = 368,32$ GPa, $C_{12} = 227,3$ GPa, $C_{44} = 144,84$ GPa und $\rho = 4,92$ g/cm^3.

Tabelle 11: Die elastischen Module C_{11}, C_{12}, C_{44}, das adiabatische Kompressionsmodul K_S, das Schermodul G_H (Voigt-Reuss-Hill Mittelwert), die Poissonzahl ν und die Dichte ρ_X von Gahnit, berechnet aus den Brillouin-Ergebnissen.

p [GPa]	C_{11} [GPa]	C_{12} [GPa]	C_{44} [GPa]	K_S [GPa]	G_H [GPa]	ν	ρ_X [$\frac{g}{cm^3}$]
0,8	296,75	164,38	127,93	208,5	98,2	0,296	4,63
2,4	311,13	171,45	145,90	218,0	108,6	0,286	4,66
5,3	328,43	189,44	145,88	235,8	108,3	0,300	4,73
7,5	310,65	195,50	147,31	233,9	101,1	0,309	4,77
10,5	320,21	208,94	148,68	246,0	100,3	0,317	4,83
13,2	346,86	214,03	142,61	258,3	105,0	0,319	4,88
15,4	368,32	227,30	144,84	274,3	108,5	0,323	4,92
17,2	377,60	232,22	150,86	287,1	113,7	0,318	4,96
19,5	430,02	268,89	132,27	322,6	108,4	0,348	5,00
21,4	458,97	303,10	137,44	358,3	109,5	0,358	5,03

5. Diskussion

5.1. Diskussion der Hochdruckergebnisse

5.1.1. Magnetit

In der Literatur variieren die Werten für das Kompressionsmodul von Magnetit von 155 bis 222 GPa. Tabelle 12 gibt einen Überblick über die Ergebnisse, welche mit Pulver- oder Einkristall-Röntgenbeugung (XRD) erzielt wurden. Dabei fällt auf, dass die Werte, welche mit Pulver-XRD bestimmt wurden, über einen Bereich von 155 GPa bis 222 GPa streuen; die Werte streuen deutlich stärker als die angegebene Genauigkeit. Die Einkristall-XRD Ergebnisse liegen mit Werten zwischen 180 GPa und 189 GPa deutlich dichter zusammen. Der Mittelwert für die Kompressionsmodule, welche mit Pulver XRD ermittelt wurden, liegt bei 195(27) GPa, der Mittelwert der Ergebnisse der Einkristall Experimente beträgt 184(4) GPa. Mittelt man sowohl über die Pulver- als auch über die Einkristalldaten ergibt sich ein Wert von 190(20) GPa. Die Werte in Klammern geben die Standardabweichung an.

Tabelle 12: Kompressionsmodule von Magnetit in der Literatur, im Vergleich dazu die mit der Zustandsgleichung von Birch-Murnaghan zweiter (BM 2nd EOS) und dritter (BM 3rd EOS) Ordnung berechneten Kompressionsmodule dieser Arbeit. Die Werte in Klammern geben den 1σ-Fehler der Regressionsgeraden wieder. DAC steht für Diamantstempelzelle, MAP für Multi-Anvil-Presse.

K_T [GPa]	K'	p_{max} [GPa]	Messmethode	Druck	Jahr	Referenz
183(10)	4	20	Pulver XRD	DAC	1974	[64]
155(12)	4	6,5	Pulver XRD	DAC	1977	[65]
189(14)	4	4,5	Einkristall XRD	DAC	1981	[66]
186(5)	4(0,4)	4,5	Einkristall XRD	DAC	1986	[54]
181(2)	5,5(15)	4,5	Einkristall XRD	DAC	1986	[55]
200(20)	-	5,5	Pulver XRD	MAP	1994	[67]
215(25)	7,5(40)	25	Pulver XRD	DAC	1995	[68]
222(8)	4,1(0,9)	27	Pulver XRD	DAC	2000	[69]
180(3)	5,1(1)	8,4	Einkristall XRD	DAC	2004	[70]
187(6)	4	14	Pulver XRD	MAP	diese Arbeit	
184(7)	4,5(2)	14	Pulver XRD	MAP		

Das Kompressionsmodul dieser Arbeit wurde mit der Zustandsgleichung von Birch-Murnaghan zweiter und dritter Ordnung berechnet und beträgt $K_T = 187(6)$ GPa bzw. $K_T = 184(7)$ GPa

5.1. Diskussion der Hochdruckergebnisse

bei einem $K' = 4,5(2)$. Beide Werte stimmen sehr gut mit dem Mittelwert der Einkristalldaten (184(4) GPa) überein und liegen im Bereich der Mittelwerte aller Messungen (190(20) GPa).

5.1.2. Franklinit

Levy et al. [57] haben einen synthetischen Franklinit-Pulver bis 25 GPa in einer Diamantstempelzelle untersucht. Die Berechnung des Kompressionsmoduls erfolgte mit der Zustandsgleichung von Birch-Murnaghan dritter Ordnung und lieferte $K_T = 166,4$ GPa und K' = 9,4. Auffällig an dem Ergebnis von Levy et al. ist der hohe Wert von K'. Eine Auswertung ihrer Daten mit der Zustandsgleichung von Birch-Murnaghan vierter Ordnung liefert $K_T = 178,3$ GPa, K' = 4,7 und K" = 0,5. Li und Fisher [71] haben das Kompressionsmodul aus Ultraschallmessungen an einem synthetischen Franklinit Einkristall ermittelt und geben einen Wert von $K_S = 182,4$ GPa an. Reichmann [72] hat das adiabatische Kompressionsmodul zu $K_S = 174,8$ GPa und K' = 4,4 aus Ultraschallmessungen bestimmt.

Das Kompressionsmodul für Franklinit dieser Arbeit wurde mit Hilfe der Zustandsgleichung von Birch-Murnaghan zweiter und dritter Ordnung bestimmt und beträgt $K_T = 180(5)$ GPa bzw. $K_T = 178(6)$ GPa und $K' = 4,6(4)$. Beide Werte stimmen sehr gut mit den Literaturwerten überein, mit Ausnahme von Levy bei der Verwendung der Zustandsgleichung von Birch-Murnaghan dritter Ordnung mit dem extrem hohen K' von 9,4.

5.1.3. Gahnit

In der Literatur finden sich wenig Vergleichsdaten für Gahnit. Levy et al. [73] erhielten ein Kompressionsmodul von $K_T = 201,7$ GPa bei einem $K' = 7,62$, berechnet mit der Zustandsgleichung von Birch-Murnaghan dritter Ordnung. Sie haben synthetisches Gahnitpulver bis 43 GPa untersucht. Reichmann und Jacobsen [59] bestimmten das adiabatische Kompressionsmodul zu $K_S = 209$ GPa und K' = 4,8, in dem sie Ultraschallexperimente an einem natürlichem Einkristall bis 8,6 GPa durchgeführt haben. Auch hier fällt das abnorm hohe K' bei Levy et al. auf.

Das Kompressionsmodul von Gahnit dieser Arbeit beträgt $K_T = 207(7)$ GPa, berechnet mit der Zustandsgleichung von Birch-Murnaghan zweiter Ordnung ($K' = 4$). Die Berechnung mit der Zustandsgleichung dritter Ordnung ergab $K_T = 204(9)$ GPa und $K' = 4,9(6)$. Die Module stimmen im Rahmen des 1σ-Fehlers dieser Arbeit mit den in der Literatur gefundenen Werten überein. Aus den Brillouin-Messungen ergibt sich im Druckbereich bis 13,2 GPa ein

5.2. Systematik der Kompressionsmodule von Spinellen

$K_S = 208,5(2)$ GPa bei einem $K' = 4$. Diese Werte bestätigen sowohl die Ultaschalldaten von Reichmann und Jacobsen [59], sowie das hier vorgestellte Kompressionsmodul aus Multi-Anvil Messungen. Die Abweichung zwischen den Multi-Anvil und Brillouin-Messungen an derselben Probe liegt bei weniger als 0,5 %. Dies ist zusammen mit der Übereinstimmung der Ultraschallexperimente ein deutlicher Nachweis über die Güte der Messung an der MAX200x.

Ein K', welches von 4 abweicht signalisiert nicht zentrosymmetrische Kräfte - Abweichung von einen idealelastischen Verhalten. Alle K' der untersuchten Spinelle (Magnetit $K' = 4,5$, Franklinit $K' = 4,6$, Gahnit $K' = 4,9$(MAX200x) und $K' = 4$(Brillouin)) deuten auf nur eine geringe Abweichung von einem idealelastischen Verhalten hin.

5.2. Systematik der Kompressionsmodule von Spinellen

Die Kompressionsmodule von Magnetit (187 GPa) und Franklinit (180 GPa) besitzen beide ähnliche Werte mit einem Unterschied von 3,7 %. Das Kompressionsmodul von Gahnit zeigt einen deutlich höheren Wert (208 GPa). Er liegt 11 % bzw. 15 % über dem Wert von Magnetit und Franklinit. Der Grund dafür lässt sich mit der Besetzung der Oktaeder- und Tetraederlücken erklären. Während Magnetit und Franklinit mit jeweils zwei Nebengruppenelementen (Fe^{2+} und Fe^{3+} bzw. Zn^{2+} und Fe^{3+}) auf den Oktaeder- und Tetaederlücken besetzt sind, ist beim Gahnit nur die Tetraederlücke mit einem Nebengruppenelement (Zn^{2+}) besetzt, die Oktaederlücke ist mit einem Hauptgruppenelement (Al^{3+}) besetzt.

1961 beschrieb Birch einen Zusammenhang zwischen der Geschwindigkeit von Kompressionswellen v_p in Mineralen und Gesteinen, ihrer Dichte ρ und ihrer Atommasse M [81, 82]. Bei konstanter Atommasse führt eine Erhöhung der Dichte zu einer linear proportionalen Erhöhung der Geschwindigkeit der Kompressionswellen. Der heute als *Birchs Gesetz* bekannte Zusammenhang lässt sich wie folgt ausdrücken: $V_p = aM + b\rho$ mit a und b als konstanten Parametern, wobei b immer positiv ist. Ändert sich bei isostrukturellen Verbindungen das Atomgewicht, folgt die Geschwindigkeit der Kompressionswellen einem linearen Trend annähernd senkrecht zu dem, der bei konstanter Atommasse entstehen, d. h. die Dichte-Geschwindigkeitsgerade hat eine negative Steigung. McQueen et al. [83] und Wang [84] haben gezeigt, dass Birch's Gesetz auch für die Massen-Schallgeschwindigkeit

$$V_\phi = \sqrt{\frac{K}{\rho}} \qquad (40)$$

5.2. Systematik der Kompressionsmodule von Spinellen

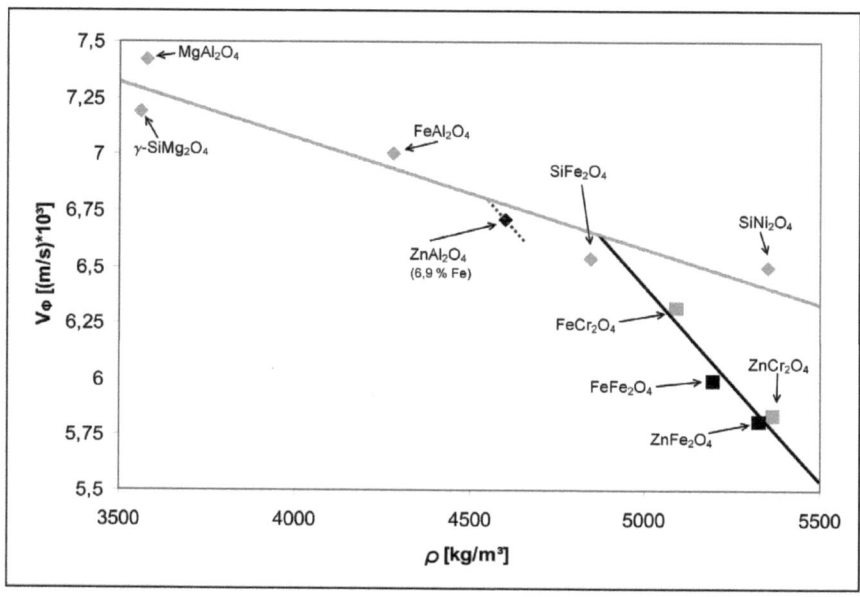

Abbildung 44: V_ϕ als Funktion der Dichte (nach [59]). Die hellen Diamanten zeigen Spinelle mit einem Übergangsmetall, die hellen Quadrate Spinelle mit zwei Übergangsmetallen. Die dunklen Symbole zeigen die Daten dieser Arbeit. Die helle und die dunkle Linie zeigen eine lineare Ausgleichskurve für die Spinelle mit einem bzw. mit zwei Übergangsmetallen. Daten aus [74] für γ-SiMg$_2$O$_4$, [75] für MgAl$_2$O$_4$, [76] für FeAl$_2$O$_4$, [77] für SiFe$_2$O$_4$, [78] für SiNi$_2$O$_4$, [79] für FeCr$_2$O$_4$ und [80] für ZnCr$_2$O$_4$.

gilt.

In Abbildung 44 sind die Massen-Schallgeschwindigkeiten gegen die Dichte für verschiedene Spinelle aufgetragen. Es ist zu erkennen, dass es zwei unterschiedliche Trends gibt, welche beide linear verlaufen, wie es nach Birch's Gesetz zu erwarten war. Die erste Gruppe bilden die Spinelle, bei denen nur entweder die Tetraeder- oder die Oktaederlücken mit einem Übergangsmetall besetzt ist. Sie zeigen eine lineare Abnahme der Massen-Schallgeschwindigkeit mit zunehmender Dichte. Die zweite Gruppe bilden die Spinelle, bei denen sowohl Tetraeder- als auch Oktaederlücken mit einem Übergangsmetall besetzt sind (Abbildung 44, FeFe$_2$O$_4$ und ZnFe$_2$O$_4$ aus dieser Arbeit). Diese Gruppe zeigt eine um den Faktor 3,5 stärkere Abnahme der Massen-Schallgeschwindigkeiten mit der Dichte als die erste Gruppe. Eine Erklärung hier-

5.2. Systematik der Kompressionsmodule von Spinellen

für ist, dass die dominanten Coulomb-Bindungskräfte bei Übergangsmetallen in den Oktaeder- und Tetraederlücken abnehmen und die kovalenten Bindungskräfte zunehmen [59].

5.3. Diskussion der Hochdruck-/Hochtemperaturergebnisse

Es finden sich nur sehr wenig Daten für die thermische Ausdehnung von Spinellen in der Literatur. Levy et al. [85] haben die thermische Ausdehnung von natürliche Magnetitkristalle in einem Temperaturbereich von 298-1173 K untersucht. Aus ihren Daten wurde mit der Formel 33 der thermische Ausdehnungskoeffizient unterhalb der Curie-Temperatur zu $\alpha_0 = 34,92 \cdot 10^{-6}$ K^{-1} berechnet. Fei [86] gibt für Magnetit ein $\alpha_0 = 20,6 \cdot 10^{-6}$ K^{-1} für einen Temperaturbereich von 293-843 K und ein $\alpha_0 = 50,1 \cdot 10^{-6}$ K^{-1} für den Temperaturbereich von 843-1273 K (oberhalb der Curie-Temperatur) an. Šeplák et al. [87] haben die thermische Ausdehnung für Franklinit im Bereich von 293-1100 K bestimmt und ein $\alpha_0 = 20,87 \cdot 10^{-6}$ K^{-1} berechnet. Ein natürlicher Gahnitkristall mit einem FeO-Gehalt von 16,1 % wurde von Singh et al. [88] untersucht. Sie haben die thermische Ausdehung in einem Temperaturbereich von 295-1118 K gemessen, aus ihren Daten wurde mit der Formel 33 der thermische Ausdehnungskoeffizient zu $\alpha_0 = 23,81 \cdot 10^{-6}$ K^{-1} berechnet.

Die thermischen Ausdehnungskoeffizienten für Magnetit, Franklinit und Gahnit, welche in dieser Arbeit berechnet wurden, zeigen deutlich höhere Werte als die in der Literatur angegebenen (Tabelle 13).

Tabelle 13: Vergleich der thermischen Ausdehnungskoeffizienten dieser Arbeit mit denen in der Literatur angegebenen Werten.

	Magnetit (T<T_C)	Gahnit	Franklinit
diese Arbeit	$39,0 \cdot 10^{-6}$ K^{-1}	$31,2 \cdot 10^{-6}$ K^{-1}	$27,5 \cdot 10^{-6}$ K^{-1}
Literatur	$20,06 \cdot 10^{-6}$ K^{-1} $34,92 \cdot 10^{-6}$ K^{-1}	$23,8 \cdot 10^{-6}$ K^{-1}	$20,87 \cdot 10^{-6}$ K^{-1}

Ein möglicher Grund dafür sind die verwendeten Proben. Da die Untersuchungen sowohl an natürlichen als auch an synthetischen Proben durchgeführt wurden, ist es möglich, das es Abweichungen in der chemischen Zusammensetzung gibt, die die Messdaten beeinflussen können. Möglich sind auch defekte in der Kristallstruktur, welche durch reine Röntgenbeugungsexperimente nicht identifiziert werden können.

Die plausibelste Ursache für die beobachteten Abweichungen liegen in einem Temperaturgradienten in der Probe, welcher bei zunehmender Temperatur in Multi-Anvil Experimenten deutlich zunimmt [89, 90]. Dabei wirkt das Thermoelement als Wärmesenke, da über die Thermodrähte mit ihrer hohen Wärmeleitfähigkeit die Wärme effektiv abtransportiert werden kann. Deshalb kann die Temperatur der Probe höher sein als die vom Thermoelement angezeigte. Da der Temperaturunterschied zwischen gemessenem Probenvolumen und Thermoelement sich nur bedingt

5.3. Diskussion der Hochdruck-/Hochtemperaturergebnisse

korrigieren lässt, wird im weiteren nur noch die Änderung der themrischen Ausdehnung mit dem Druck betrachtet, welche deutlich weniger von diesem Effekt betroffen ist.

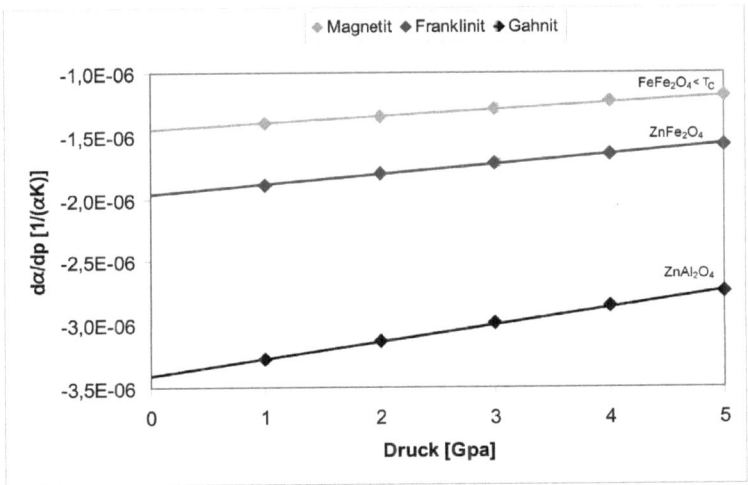

Abbildung 45: Die Druckabhängigkeit der thermischen Ausdehnungskoeffizienten für Magnetit (unterhalb der Curie-Temperatur T_C), Franklinit und Gahnit. Symbole sind die Messdaten, die durchgezogenen Linien sind die Regressionsgeraden für die einzelnen Spinelle.

Die Druckabhängigkeit des thermischen Ausdehnungskoeffizienten für Magnetit, Franklinit und Gahnit sind in Abbildung 45 graphisch dargestellt. Es ist zu erkennen, dass Magnetit und Franklinit eine ähnliche Steigung aufweisen, Gahnit zeigt eine deutlich stärkere negative Steigung. Die Daten wurden an eine Ausgleichsgerade der Form $y = mx + b$ angepasst, die berechneten Parameter sind in Tabelle 14 aufgeführt. Dabei scheint es einen direkten Zusammenhang zwischen dem Eisengehalt des Spinels und der Druckabhängigkeit des thermischen Ausdehnungskoeffizienten zu geben. Magnetit, welcher das meiste Eisen enthält, besitzt die kleinste Druckabhängigkeit, Gahnit, der komplett eisenfrei ist, besitzt die größte Druckabhängigkeit des thermischen Ausdehnungskoeffizienten und Franklinit liegt zwischen beiden. Sowohl K' als auch die thermische Ausdehung und deren Druckabhängigkeit hängen an der Anharmonizität der Gitterschwingungen. So ist es nicht verwunderlich, dass die Gitter mit der höchsten Anharmonizität - ausgedrückt durch die thermische Ausdehnung:

$$\alpha_{Magnetit} < \alpha_{Franklinit} < \alpha_{Gahnit} \quad \text{(der Literaturwerte)}$$

5.3. Diskussion der Hochdruck-/Hochtemperaturergebnisse

auch die größte Abweichung vom idealelastischen Verhalten zeigen:

$$K'_{\text{Magnetit}} < K'_{\text{Franklinit}} < K'_{\text{Gahnit}}$$

und die stärkste Änderung mit dem Druck aufweisen:

$$\frac{d\alpha}{dp}_{\text{Magnetit}} < \frac{d\alpha}{dp}_{\text{Franklinit}} < \frac{d\alpha}{dp}_{\text{Gahnit}}$$

Tabelle 14: Steigung der Regressionsgeraden für Magnetit, Gahnit und Franklinit zur Bestimmung der Änderung der thermischen Ausdehnung mit dem Druck.

Spinell	Steigung (m)
Magnetit	$-1,3 \cdot 10^{-6}$ (K GPa)$^{-1}$
Franklinit	$-1,7 \cdot 10^{-6}$ (K GPa)$^{-1}$
Gahnit	$-3,0 \cdot 10^{-6}$ (K GPa)$^{-1}$

Die Druckabhängigkeit des thermischen Ausdehnungskoeffizienten lässt sich dann wie folgt darstellen:

$$\alpha(p) = \text{m} \cdot \text{p} + \alpha_0 \tag{41}$$

mit $\alpha(p)$ = druckabhängiger thermischer Ausdehnungskoeffizient, α_0 = thermischer Ausdehnungskoeffizient bei Nulldruck, p = Druck und m = Steigung der Regressionsgeraden. Setzt man die berechneten Werte für die einzelnen Spinelle ein, ergeben sich die folgenden Formeln:

$$\alpha = -1,3 \cdot 10^{-6} \text{ (K GPa)}^{-1} \cdot \text{p} + 38,9 \cdot 10^{-6} \text{ K}^{-1} \quad \text{für Magnetit}$$
$$\alpha = -1,7 \cdot 10^{-6} \text{ (K GPa)}^{-1} \cdot \text{p} + 27,3 \cdot 10^{-6} \text{ K}^{-1} \quad \text{für Franklinit}$$
$$\alpha = -3,0 \cdot 10^{-6} \text{ (K GPa)}^{-1} \cdot \text{p} + 31,0 \cdot 10^{-6} \text{ K}^{-1} \quad \text{für Gahnit}$$

Um das Volumen eines Spinells bei einem bestimmten Druck und einer bestimmten Temperatur zu berechnen, muss man nun die elastischen und die thermischen Eigenschaften verknüpfen. Das Volumen in Abhängigkeit vom Druck lässt sich mit Murnaghans integrierte lineare EOS darstellen:

5.3. Diskussion der Hochdruck-/Hochtemperaturergebnisse

$$V(p) = V_0 \left(\frac{K'}{K_T}p + 1\right)^{-\frac{1}{K'}} \tag{42}$$

mit V = Volumen, V_0 = Volumen bei Nulldruck, K_T = isothermes Kompressionsmodul bei Nulldruck und p = Druck. Für den Druckbereich, der in dieser Arbeit verwendet wurde, kann mit $K' = 4$ gearbeitet werden und die Formel vereinfacht sich zu:

$$V(p) = V_0 \left(\frac{4}{K_T}p + 1\right)^{-\frac{1}{4}} \tag{43}$$

Berechnet man die Temperaturabhängigkeit des Volumens wird mit folgender Formel:

$$V(T) = V_{T_R} exp\left[\alpha_0 \cdot \Delta T\right] \tag{44}$$

mit V als Volumen, V_{T_R} als Volumen bei einer Referenztemperatur, α_0 als thermischer Ausdehnungskoeffizient bei Nulldruck und ΔT ist die Temperaturdifferenz zwischen der Referenztemperatur und der gemessenen Temperatur. Die Referenztemperatur bei den Experimenten dieser Arbeit war immer die Raumtemperatur. Will man jetzt die Abhängigkeit des Volumens von Temperatur und Druck darstellen, muss zum Einen die Volumenänderung bei Änderung des Druckes mit einbezogen werden, zum Anderen muss auch die druckabhängige Änderung des thermischen Ausdehnungskoeffizienten berücksichtigt werden:

$$V(p,T) = V(p)^{-\frac{1}{4}} exp\left[\alpha(p) \cdot \Delta T\right] \tag{45}$$

Die druckabhängige Volumenänderung lässt sich einbeziehen, indem man in Formel 44 anstatt V_{T_R} das Volumen aus Formel 43 einsetzt. Da der thermische Ausdehnungskoeffizient ebenfalls druckabhängig ist, wird das α aus Formel 41 eingesetzt. Somit lässt sich das Volumen in Abhängigkeit von Druck und Temperatur berechnen:

$$V(p,T) = V_0 \left(\frac{4}{K_T}p + 1\right) exp\left[(mp + \alpha_0) \cdot \Delta T\right] \tag{46}$$

In diese Formel können dann die Werte für das Kompressionsmodul, Volumen bei Nulldruck, thermischer Ausdehnungskoeffizient bei Nulldruck und die Steigung der linearen Regression

5.3. Diskussion der Hochdruck-/Hochtemperaturergebnisse

der druckabhängigen Änderung des thermischen Ausdehnungskoeffizienten eingesetzt werden (Tabelle 15).

Tabelle 15: Thermischer Ausdehnungskoeffizient, Druckabhängigkeit des thermischen Ausdehnungskoeffizienten, Volumen bei Nulldruck und das isothere Kompressionsmodul von Magnetit, Franklinit und Gahnit.

Spinell	α_0 (dieser Arbeit)	$d\alpha/dp$	V_0	K_T
Magnetit	$39,0 \cdot 10^{-6}$ K^{-1}	$-1,3 \cdot 10^{-6}$ (K GPa)$^{-1}$	591,963 Å^3	187 GPa
Franklinit	$27,5 \cdot 10^{-6}$ K^{-1}	$-1,7 \cdot 10^{-6}$ (K GPa)$^{-1}$	601,019 Å^3	180 GPa
Gahnit	$31,2 \cdot 10^{-6}$ K^{-1}	$-3,0 \cdot 10^{-6}$ (K GPa)$^{-1}$	528,205 Å^3	207 GPa

Mit den so erhaltenen Formeln ist es möglich, die Druck-Temperatur-Volumen-Daten, welche an der MAX80 gemessen worden sind, aus den Druck-Volumen-Daten, welche an der MAX200x gemessen wurden, und den druckabhängigen thermischen Ausdehungskoeffizienten zu berechnen (Abbildungen 46, 47 und 48).

Es ist deutlich zu erkennen, dass die berechneten Werte sehr gut mit den gemessenen Werten übereinstimmen. Für Magnetit ist die genaue Berechnung der MAX80-Messdaten nur für die Messreihen unterhalb der Curie-Temperatur möglich. Zum Einen gibt es oberhalb der Curie-Temperatur nur zwei Messreihen, so dass eine genaue Bestimmung der thermischen Ausdehnung nicht möglich ist, zum Anderen hat Schult [91] eine Druckabhängigkeit der Curie-Temperatur für Magnetit nachgewiesen.

Für verschiedene Proben hat er ein dT_C/dp zwischen 18,5 und 23 K/GPa bestimmt. Das bedeutet, bei 3 GPa liegt die Curie-Temperatur im Bereich von 915-929 K, bei 5 GPa in einem Bereich von 950-975 K. Da davon ausgegangen wird, dass die Temperatur in der Probe höher ist als vom Thermoelement angezeigt wird, lässt sich die Abweichng zwischen den gemessenen und berechneten Werten oberhalb von 3,5 GPa bei 900 K und 3 GPa bei 1100 K dadurch erklären, das die thermische Ausdehung in diesem Bereich von der Curie-Temperatur beeinflusst wird. Bei Magnetit ist die Curie-Temperatur sowohl durch eine Volumenänderung als auch durch eine Änderung der temperaturabhängigen Kompressionsmodule zu erkennen. Unterhalb der Curie-Temperatur ist das Kompressionsmodul von Magnetit durch zusätzliche magnetische Wechselwirkungen höher als oberhalb. Bei Temperaturerhöhung wird die Curie-Temperatur durch eine Volumenzunahme bei Wegfall der zusätzlichen magnetischen Momente beobachtet.

5.3. Diskussion der Hochdruck-/Hochtemperaturergebnisse

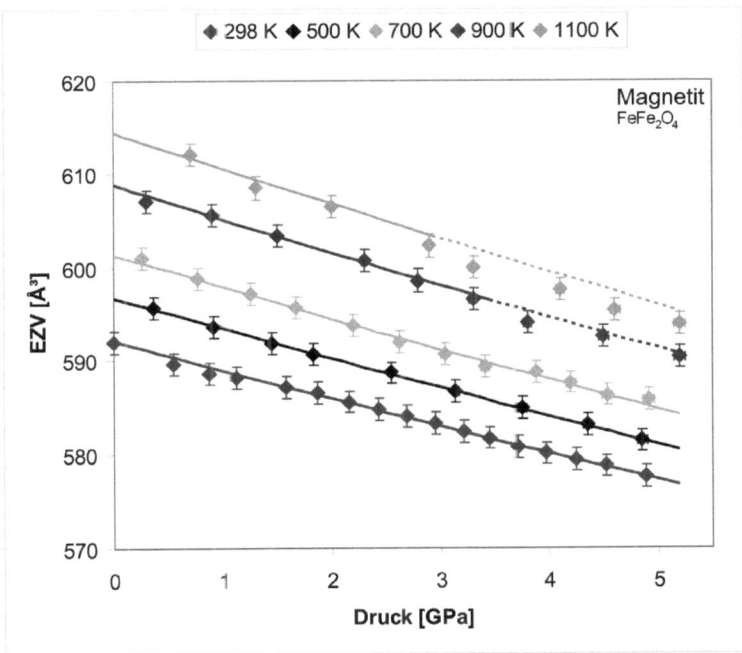

Abbildung 46: Vergleich der gemessenen p-V-T-Daten (Symbole) mit den berechneten Werten (durchgezogene Linien) für Magnetit. Die p-V-T-Daten wurden an der MAX80 gemessen, die berechneten Werte ergeben sich aus den p-V-Daten der MAX200x und aus den MAX80 Messungen bestimmten druckabhängigen thermischen Ausdehnungskoeffizienten mit Hilfe von Gleichung 46. Der Bereich, in dem eine Differenz zwischen den gemessenen und berechneten Werten aufgrund der Curie-Temperatur auftritt, ist gestrichelt dargestellt.

5.3. Diskussion der Hochdruck-/Hochtemperaturergebnisse

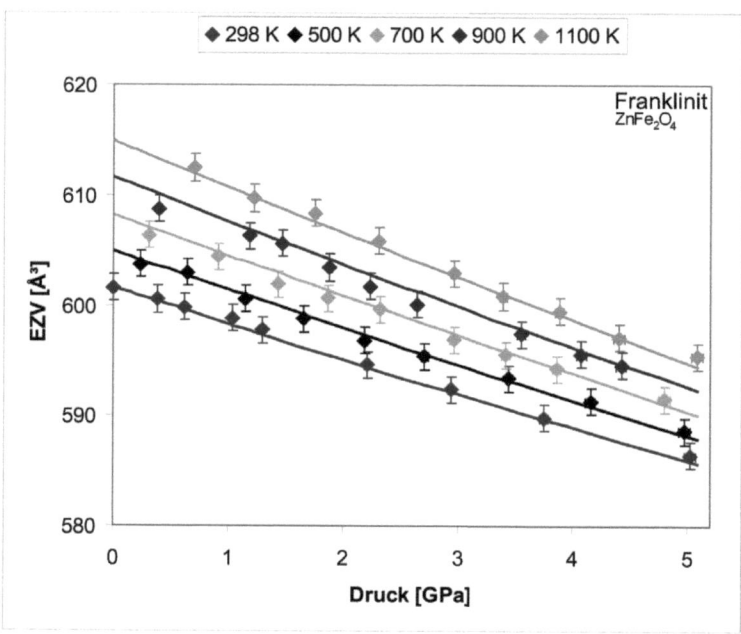

Abbildung 47: Vergleich der gemessenen p-V-T-Daten (Symbole) mit den berechneten Werten (durchgezogene Linien) für Franklinit. Die p-V-T-Daten wurden an der MAX80 gemessen, die berechneten Werte ergeben sich aus den p-V-Daten der MAX200x und aus den MAX80 Messungen bestimmten druckabhängigen thermischen Ausdehnungskoeffizienten mit Hilfe von Gleichung 46.

5.3. Diskussion der Hochdruck-/Hochtemperaturergebnisse

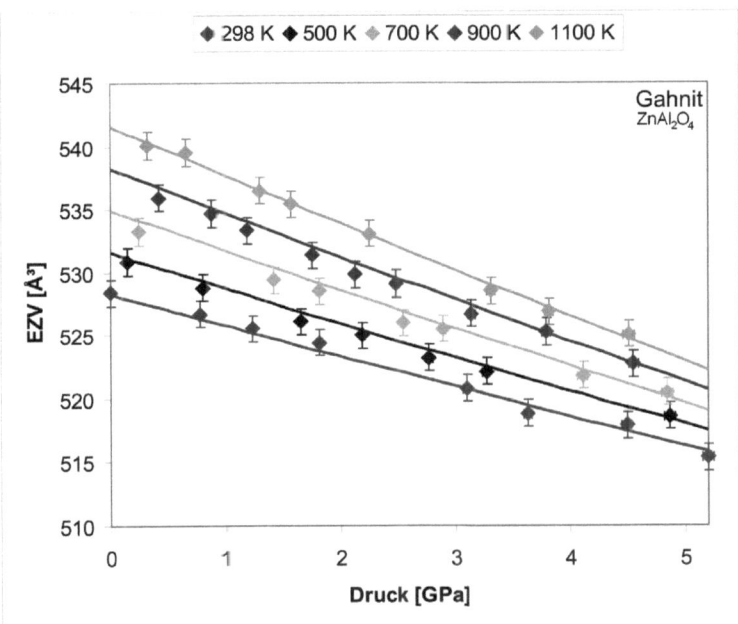

Abbildung 48: Vergleich der gemessenen p-V-T-Daten (Symbole) mit den berechneten Werten (durchgezogene Linien) für Gahnit. Die p-V-T-Daten wurden an der MAX80 gemessen, die berechneten Werte ergeben sich aus den p-V-Daten der MAX200x und aus den MAX80 Messungen bestimmten druckabhängigen thermischen Ausdehnungskoeffizienten mit Hilfe von Gleichung 46.

5.4. Diskussion der Brillouin-Experimente

Das aus den Brillouin-Experimenten am Gahnit berechnete adiabatische Kompressionsmodul $K_S = 208,5(2)$ GPa und Schermodul $G = 95,1(2)$ GPa stimmen gut mit denen von Reichmann und Jacobsen [59] bestimmten Werten überein (Abbildung 49).

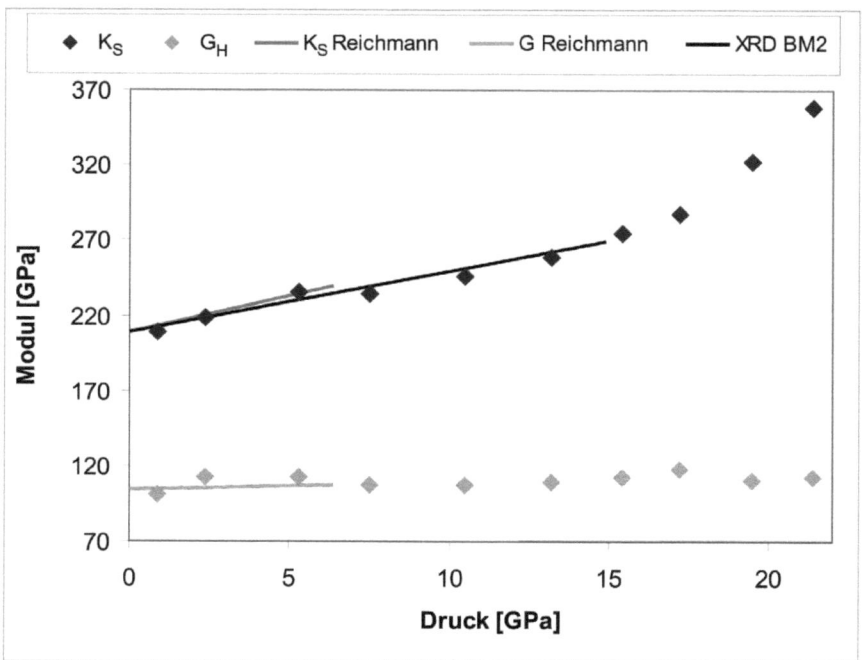

Abbildung 49: Vergleich des adiabatischen Kompressionsmoduls K_S und des Schermoduls G_H (Mittelwert nach Voigt-Reuss-Hill) dieser Arbeit (dunkle bzw. helle Symbole) mit denen von Reichmann und Jacobsen [59] und dem umgerechneten Kompressionsmodul dieser Arbeit (dunkle Linie), welches mit der Zustandsgleichung von Birch-Murnaghan zweiter Ordnung berechnet wurde.

Um das isotherme Kompressionsmodul K_T aus den Röntgenbeugungsexperimenten dieser Arbeit mit dem adiabatischen Kompressionsmodul K_S vergleichen zu können, wurde das isotherme Kompressionsmodul mit Hilfe von Formel 28 in das adiabatische Kompressionsmodul umgerechnet. Auch hier ist eine gute Übereinstimmung zu erkennen (siehe 5.1.3).

5.4. Diskussion der Brillouin-Experimente

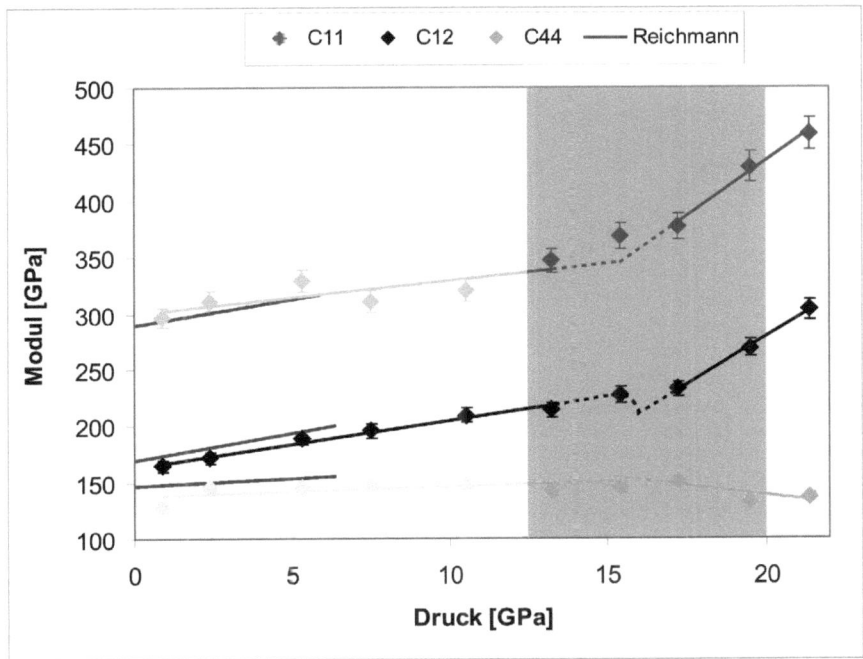

Abbildung 50: Vergleich der elastischen Eigenschaften C_{11}, C_{12} und C_{44} mit denen von Reichmann und Jacobsen [59] (graue Linien bis 9 GPa). Der grau hinterlegte Bereich zeigt den Druckbereich, über dem Levy et al. [73] deutliche Änderungen im Anionenparameter sowie der Tetraeder- und Oktaeder Kationen-Sauerstoff-Bindungslänge beobachtet haben. Im Detail sind die genannten Änderungen in Abbildung 51 dargestellt. Der gestrichelte Bereich symbolisiert die vermutete Lage des Phasenübergangs dieser Messung. Die Messdaten, die nur mit geringerer Genauigkeit ausgewertet werden konnten, sind mit schwächeren Farben markiert.

Die elastischen Eigenschaften C_{11}, C_{12} und C_{44} sind denen von Reichmann und Jacobsen [59] in Abbildung 50 gegenübergestellt.

Bis zu einem Druck von 15 GPa zeigt sich eine lineare Zunahme der elastischen Eigenschaften. Dabei haben die Ableitungen nach dem Druck C'_{11} und C'_{12} ähnliche Werte von 3,9 bzw. 4,2, während C'_{44} mit 0,6 einen deutlich geringeren Wert besitzt, welche ebenfalls gut mit

5.4. Diskussion der Brillouin-Experimente

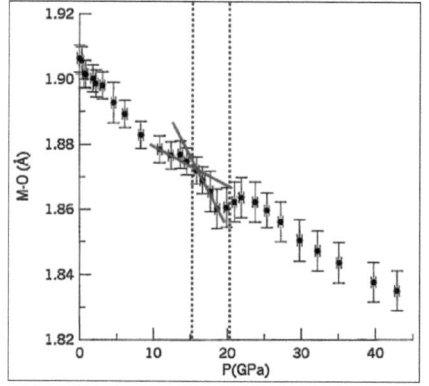

(a) Änderung der Oktaeder Kationen-Sauerstoff-Bindungslänge. Die eingezeichneten durchgehenden Linien verdeutlichen den Bereich des Phasenübergangs.

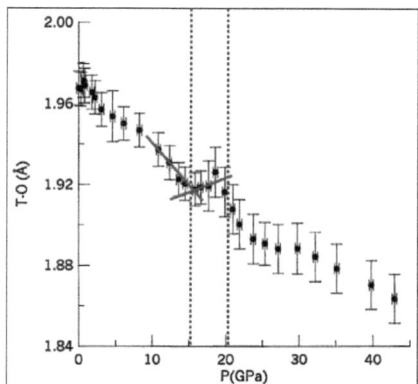

(b) Änderung der Tetraeder Kationen-Sauerstoff-Bindungslänge. Die eingezeichneten durchgehenden Linien verdeutlichen den Bereich des Phasenübergangs.

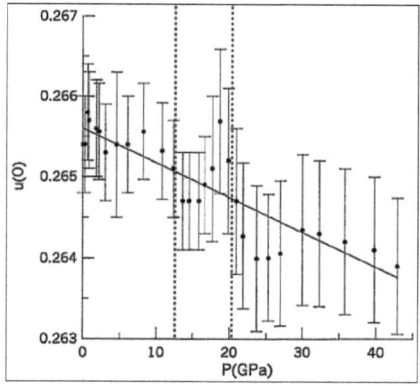

(c) Änderung des Anionenparameters.

Abbildung 51: Die druckabhängige Änderung des Anionenparameters sowie der Tetraeder- und Oktaeder Kationen-Sauerstoff-Bindungslänge von Gahnit [73]. Zwischen ca. 12 und 20 GPa sind deutliche Abweichungen zu erkennen.

denen von Reichmann und Jacobsen [59] berichteten ($C'_{11} = 4,5$, $C'_{12} = 5,0$ und $C'_{44} = 1,5$) übereinstimmen.

5.4. Diskussion der Brillouin-Experimente

Oberhalb von 15 GPa und Raumtemperatur nehmen die Werte für C'_{11} und C'_{12} deutlich zu (19,5 bzw. 16,8), während der Wert für C'_{44} mit -3,4 eine negative Steigung aufweist. Levy et al. [73] beobachteten im gleichen Druckbereich eine Änderung sowohl für den Anionenparameter u, als auch für die tetraedrische und oktaedrische Kationen-Sauerstoff Bindungslänge, erklären dies jedoch mit Messfehlern. Die hier unabhängig gewonnenen Ergebnisse zeigen jedoch deutlich, dass es bei ca. 15 GPa und Raumtemperatur zu einem Phasenübergang kommt, der sehr gut mit der in den Daten von Levy sichtbaren Änderungen der Struktur übereinstimmt..

5.4. Diskussion der Brillouin-Experimente

Der mit Brillouin bestimmte Phasenübergang liegt im Bereich von ca. 13 bis etwas unter 16 GPa (Abbildung 50). Die Unstetigkeit in Abbildung 41 wurde bei etwas höheren Drücken beobachtet. Die Daten lassen keine belastbare Aussage bezüglich einer Phasenumwandlung zu, deuten jedoch bei 16 GPa und 500 K auf eine Unstetigkeit der Volumenänderung hin. In Verbindung mit den Beobachtungen in Abbildung 50 ist dies ein Hinweis auf den möglichen pT-Verlauf der Phasenumwandlung.

Da es bisher nur eine Messung in dem Bereich gibt, sind die Aussagen diesbezüglich eher spekulativ. Betrachtet man die bekannte *Clapeyron*-Gleichung:

$$\frac{dp}{dT} = \frac{\delta S_m}{\delta V_m} \qquad (47)$$

lässt sich die Entropieänderung der vermuteten Phasengrenze herleiten. Abbildung 52 zeigt, dass $\frac{dp}{dT}$ positiv angenommen werden kann. Aus Abbildung 41 lässt sich erkennen, das die Volumenänderung δV_m negativ zu sein scheint. Somit ergibt sich ein negativer Wert für $\delta S_m = \frac{dp}{dT} \cdot \delta V_m$. Allerdings ist dies nur eine erste vage Vermutung, da die bisherige Datenlage keine ausreichende Grundlage für eine zuverlässige Interpretation darstellt. Um diese durch wenige Daten aufgestellte Hypothese zu testen sind weitere Experimente notwendig.

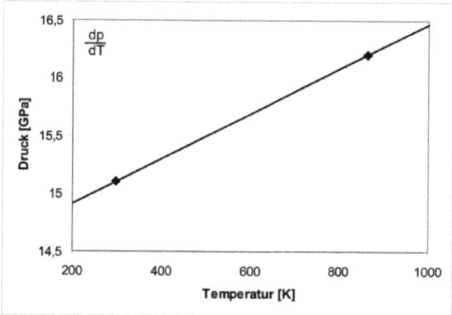

Abbildung 52: Druck in Abhängigkeit der Temperatur beim Gahnit-Experiment an der MAX200x.

5.4. Diskussion der Brillouin-Experimente

6. Ausblick

Aus der Arbeit ergeben sich spannende Fragen, die den Rahmen dieser Dissertation sprengen würden. Im Wesentlichen gibt es drei Bereiche, in denen genauere Untersuchungen interessant scheinen:

- Da sich in den Ergebnissen der Brilloun-Streuungs-Experimente Hinweise auf einen Phasenübergang finden, ist es nötig, dort detailiertere Messungen durchzuführen, um den Charakter des Phasenüberganges zu bestimmen. Mit der bisher verwendeten Probe könnten Versuche im Bereich von 14 bis 18 GPa wiederholt werden und dabei kleinere Druckstufen gewählt werden, um die genaue Lage und die Art des Phasenübergangs zu ermitteln. Des weiteren wäre es sinnvoll, Messungen bis 30 GPa durchzuführen, da Levy et al. [73] Schwankungen der Tetraeder- und Oktaeder Kationen-Sauerstoff-Bindungslänge sowie des Anionenparameters beobachtet haben.

- An der MAX200x sollten weiter Hochdruck-/Hochtemperaturexperimente mit der bisher verwendeten Gahnitprobe durchgeführt werden. Da sich im Bereich des mit Brillouin-Streuung festgestellten Phasenübergangs auch eine Unstetigkeit in der thermischen Ausdehnung andeutet, ist es notwendig zu überprüfen, ob dieses Verhalten, welches eine Phasengrenze anzeigt, bei höheren Drücken entwickelt.

- An der MAX80 können weiter Hochdruck-/Hochtemperaturexperimente an Magnetit durchgeführt werden, um den thermischen Ausdehnungskoeffizienten oberhalb der Curie-Temperatur bestimmen zu können. Dazu ist es notwendig, in einem Temperaturbereich oberhalb von 1100 K Daten aufzunehmen.

Literatur

[1] YOUNGHUSBAND, G. und C. DAVENPORT: *The Crown Jewels of England.*
Cassell and Co., 1919.

[2] DANA, J. D., E. S. DANA und R. V. GAINES: *Dana's new mineralogy: the system of mineralogy of James Dwight Dana and Edward Salisbury Dana.*
John Wiley & sons, 1997.

[3] KLEBER, W.: *Einführung in die Kristallographie.*
Verlag Technik Berlin, 1998.

[4] EVANS, R. C.: *Einführung in die Kristallchemie.*
de Gruyter Lehrbuch, 1976.

[5] RIEDEL, E., R. ALSFASSER, C. JANIAK, T. M. KLAPÖTKE und H.-J. MEYER: *Moderne Anorganische Chemie.*
de Gruyter, 2007.

[6] RINGWOOD, A. E.: *Phase transformations and their bearing on the constitution and dynamics of the mantle.*
Geochimica et Cosmochimica Acta, 55:2083–2110, 1991.

[7] RINGWOOD, A. E.: *Composition and Petrology of the Earth's Mantle.*
McGraw-Hill, 1975.

[8] KATSURA, T. und E. ITO: *The system Mg_2SiO_4-Fe_2SiO_4 at high pressures and temperatures: precise determination of stabilities of olivine, modified spinel, and spinel.*
Journal of Geophysical Research, 94:15663–15670, 1989.

[9] AKAOGI, M., E. ITO und A. NAVROTSKY: *Olivine-modified spinel-spinel transition in the system Mg_2SiO_4-Fe_2SiO_4: caliometric measurements, thermochemical calculation, and geophysical implication.*
Journal of Geophysical Research, 94:15671–15685, 1989.

[10] MORISHIMA, H., T. KATO, M. SUTO, E. OTANI, S. URAKAWA, W. UTSUMI, O. SHIMOMURA und T. KIKEGAWA: *The phase boundary between α- and β-Mg_2SiO_4 determined by in situ x-ray observations.*
Science, 265:1202–1203, 1994.

[11] HORIUCHI, H. und H. SAWAMOTO: *β-Mg_2SiO_4: Single-crystal X-ray diffraction study.*
American Mineralogist, 66:568–575, 1981.

[12] LIU, L.: *The post-spinel phases of forsterite.*
Nature, 262:770–772, 1976.

[13] ITO, E. und E. TAKAHASHI: *Postspinel transformations in the system Mg_2SiO_4-Fe_2SiO_4 and some geophysical implications.*
Journal of Geophysical Research, 94:637–446, 1989.

[14] DZIEWONSKI, A. M. und D. L. ANDERSON: *Preliminary reference Earth model.*
Physics of the Earth and Planetary Interiors, 25:297–356, 1981.

[15] RINGWOOD, A. E.: *Origin of the Earth and Moon.*
Springer, 1979.

[16] BINA, C. R. und B. J. WOOD: *Olivine-spinel transitions: experimental and thermodynamic constraints and implications for the nature of the 400-km discontinuity.*
Journal of Geophysical Research, 92:4853–4866, 1987.

[17] BURAS, B., N. NIIMURA und J. STAUN OLSEN: *Optimum Resolution in X-ray Energy-Disperive Diffractometry.*
Journal of Applied Crystallography, 11:137–140, 1978.

[18] SCHÖNBOHM, D.: *Untersuchung zur Kinetik der Coesit-Quarz Umwandlung unter insitu Bedingungen mittels Synchrotronstrahlung sowie Analyse der Mikrostrukturen im Transformationsbereich mittels TEM.*
Dissertation, Rheinische Friedrich-Willhelms-Universität, Bonn, Deutschland, 2003.

[19] LATHE, C.
persönliche Mitteilung, 2010.

[20] BRILLOUIN, L.: *Diffusion de la lumière et des rayons X par un corps transparent homogène: Influence de l'agitation thermique.*
Annalen der Physik (Paris), 17:88–122, 1922.

[21] MANDELSTAM, L. I.: *Polnoe Sobranie Trudov Vol. 1 (Complete Works).*
Zh. Russ. Fiz. Khim. Obshch., 58:280, 1926.

[22] GROSS, E.: *Change of Wave-length of Light due to Elastic Heat Waves at Scattering in Liquids.*
Nature, 126:201–202, 1930.

[23] GRIMSDITCH, M.: *Brillouin Scattering.*
In: LEVY, M., H. E. BASS und R. R. STERN (Herausgeber): *Handbook of Elastic Properties of Solids, Liquids, and Gases. Volume I: Dynamic Methods for Measuring the Elastic Properties of Solids.*, Seiten 331–347. Academic Press, London, 2001.

[24] CUMMINS, H. Z. und P. E. SCHOEN: *Linear Scattering from Thermal Fluctuations.*
In: ARECCHI, F. T. und E. O. SCHULZ-DUBOIS (Herausgeber): *Laser Handbook*, Seiten 1029–1077. North-Holland Publishing Company, Amsterdam, 1972.

[25] MARQUARDT, H.: *Elasticity of Earth Materials.*

Literatur

Dissertation, Freie Universität, Berlin, Deutschland, 2009.

[26] WHITFIELD, C. H., E. M. BRODY und W. A. BASSETT: *Elastic moduli of NaCl by Brillouin-Scattering at high-pressure in a diamond anvil cell.*
Review of Scientific Instruments, 47:942–947, 1976.

[27] KARKI, B. B., L. STIXRUDE und R. M. WENTZCOVITCH: *High-pressure elastic properties of major materials of Earth's mantle from first principles.*
Review of Geophysics, 39:507–534, 2001.

[28] POIRIER, J.-P.: *Introduction to the Physics of the Earth's Interior.*
Cambridge University Press, 2000.

[29] NYE, J. F.: *Physical Properties of Crystals: Their Representation by Tensors and Matrices.*
Oxford University Press, 1985.

[30] VOIGT, W.: *Lehrbuch der Kristallphysik.*
Teubner Berlin, 1926.

[31] TRUELL, R., C. ELBAUM und B. B. CHICK: *Ultrasonic Methods in Solid State Physics.*
New York Academic Press, 1969.

[32] NEWHAM, R. E.: *Properties of Materials:Anisotropy, Symmetry, Structure.*
Oxford University Press, 2005.

[33] REUSS, A.: *Berechnung der Fließgrenze von Mischkristallen aufgrund der Konstanten des Einkristalls.*
Zeitschrift für Angewandte Mathematik und Mechanik, 9:49–58, 1929.

[34] HILL, R.: *The elastic behaviour of a crystalline aggregate.*
Proceedings of the Physical Society of London, 65:349–354, 1952.

[35] MURNAGHAN, F. D.: *Finite deformation of an elastic solid.*
Dover Publications, 1967.

[36] BIRCH, F.: *Finite Elastic Strain of Cubic Crystals.*
Physical Review, 71:809–824, 1947.

[37] HOFMEISTER, A. M. und H. K. MAO: *Pressure derivatives of shear and bulk moduli from the thermal Grüneisen parameter and volume-pressure data.*
Geochimica et Cosmochimica Acta, 67:1207–1227, 2003.

[38] GRÜNEISEN, E.: *Theorie des festen Zustandes einatomiger Elemente.*
Annalen der Physik, 39:257–306, 1912.

[39] DEBYE, P.: *Zur Theorie der spezifischen Wärmen.*
Annalen der Physik, 39:789–839, 1912.

[40] DECKER, D. L.: *High-pressure equation of state for NaCl, KCl and CsCl.*
Journal of Applied Physics, 42:3239–3243, 1971.

[41] BIRCH, F.: *Equation of State and Thermodynamic Parameters of NaCl to 300-kbar in the High-Temperature Domain.*
Journal of Geophysical Research, 91:4949–4954, 1986.

[42] DUBROVINSKY, L.
persönliche Mitteilung, 2007.

[43] MAO, H. K., P. M. BELL, J. W. SHANER und D. J. STEINBERG: *Specific volume measurements of Cu, Mo, Pd and Ag and calibration of the ruby R_1 fluorescence pressure gauge from 0.06 to 1 Mbar.*
Journal of Applied Physics 49:3276–3283, 1978.

[44] MAO, H. K. und P. M. BELL *Calibration of the ruby pressure gauge to 800 kbar under quasi-hydrostatic conditions.*
Journal of Geophysical Research, 91:4673–4676, 1986.

[45] DESLATTES, R. D., E. G KESSLER, P. INDELICATO, L. DE BILLY, E. LINDROTH und J. ANTON: *X-Ray transition energies: new approach to a comprehensive evaluation.*
Reviews of Modern Physics, 75:35–99, 2003.

[46] RIETVELD, H.M.: *Line profiles of neutron powder-diffraction peaks for structure refinement.*
Acta Crystallographica, 22:151–152, 1967.

[47] RIETVELD, H.M.: *A Profile Refinement Method for Nuclear and Magnetic Structures.*
Journal of Applied Crystallography, 2:65–71, 1969.

[48] YOUNG, R. A.: *The Rietveld Method.*
Oxford University Press, 1993.

[49] LARSSON, A. C. und R. B. VAN DREELE: *GSAS: General structure analysis system.*
Los Alamos National Laboratory Report, LAUR-86-748, 1986.

[50] TOBY, B. H.: *EXPGUI, a graphical user interface for GSAS.*
Journal of Applied Physics, 34:210–213, 2001.

[51] SPEZIALE, S.
persönliche Mitteilung, 2010.

[52] HARRISON, R. J. und A. PUTNIS: *Magnetic properties of the magnetite-spinel solid solution: Curie temperatures, magnetic susceptibilities, and cation ordering.*
American Mineralogist, 81:375–384, 1996.

[53] MILLS, R. E., R. P. KENAN und F. J. MILFORD: *A renormalized spin-wave calculation of the sublattice magnetization and Curie temperatures of magnetite.*
Physics letters, 12:173–174, 1964.

[54] FINGER, L. W., R. M. HAZEN und A. M. HOFMEISTER: *High-pressure crystal chemistry of of spinel (MgAl$_2$O$_4$) and magnetite (Fe$_3$O$_4$): comparisons with silicate spinels.*
Physics and Chemistry of Minerals, 13:215–220, 1986.

[55] NAKAGIRI, N., M. H. MANGHNANI, L. C. MING und S. KIMURA: *Crystal structure of magnetite under pressure.*
Physics and Chemistry of Minerals, 13:238–244, 1986.

[56] FJELLVÅG, H., F. GRØNWOLD, , S. STØLEN und B. HAUBACK: *On the Crystallographic and Magnetic Structures of Nearly Stoichiometric Iron Monoxide.*
Journal of Solid State Chemistry, 124:52–57, 1996.

[57] LEVY, D., A. PAVESE und M. HANFLAND: *Phase transition of synthetic zinc ferrite spinel (ZnFe$_2$O$_4$) at high pressure, from synchrotron X-ray powder diffraction.*
Physics and Chemistry of Minerals, 27:638–644, 2000.

[58] PAVESE, A., D. LEVY und A HOSER: *Cation distribution in synthetic zinc ferrite (Zn$_{0.97}$Fe$_{2.02}$O$_4$) from in situ high-temperature neutron powder diffraction.*
American Mineralogist, 85:1497–1502, 2000.

[59] REICHMANN, H.J. und S.D. JACOBSEN: *Sound velocities and elastic constants of ZnAl$_2$O$_4$ spinel and implications for spinel-elasticity systematics.*
American Mineralogist, 91:1049–1054, 2006.

[60] O'NEILL, H. ST. und W. A. DOLLASE: *Crystal structures and cation distributions in simple spinels from powder XRD structural refinements: MgCr$_2$O$_4$, ZnCr$_2$O$_4$, Fe$_3$O$_4$ and the temperature dependence of the cation distribution in ZnAl$_2$O$_4$.*
Physics and Chemistry of Minerals, 20:541–555, 1994.

[61] WESTRUM, J. R., F. EDGAR und F. GRØNWOLD: *Magnetite (Fe$_3$O$_4$) Heat capacity and thermodynamic properties from 5 to 350 K, low-temperature transition.*
Journal of Chemical Thermodynamics, 1:543–557, 1969.

[62] ZIEMNIAK, S. E., A. R. GADDIPATI, P. C. SANDER und S. B. RICE: *Immiscibility in the nickel ferrite-zinc ferritespinel binary.*
Journal of Physics and Chemisty of solids, 68:1476–1490, 2007.

[63] LAAG, N. J. VAN DER, M. D. SNEL, P. C. M. M. MAGUSIN und G. DE WITH: *Structural, elastic, thermophysical and dielectric properties of zinc aluminate (ZnAl$_2$O$_4$).*
Journal of the European Ceramic Society, 24:2417–2424, 2004.

[64] MAO, H. K., T. TAKAHASHI, W. A. BASSETT, G. L. KINSLAND und L. MERRILL: *Isothermal compression of magnetite to 320 kbar and pressure-induced phase transformation.*
Journal of Geophysical Research, 79:1165–1170, 1974.

[65] WILBURN, D. R. und W. A. BASSETT: *Isothermal compression of magnetite (Fe_3O_4) up to 70 kbar under hydrostatic conditions.*
High Temperatures - High Pressures, 9:35–39, 1977.

[66] HAZEN, R. M., L. W. FINGER und R. L. RALPH: *Iron oxides at high pressure: a re-evaluation of the polyhedral bulk modulus-volume relationship.*
EOS, 62:416–417, 1981.

[67] STAUN-OLSEN, J., L. GERWARD, E. HINZE und J. KREMMLER: *High-pressure,high-temperature study of magnetite using synchrotron radiation.*
Materials Science Forum, 166-169:577–582, 1994.

[68] GERWARD, L. und J. STAUN-OLSEN: *High-pressure studies of magnetite and magnesioferrite using synchrotron radiation.*
Applied Radiation Isotopes, 46:553–554, 1995.

[69] HAAVIK, C., S. STØLEN, H. FJELLVÅG, M. HANFLAND und D. HÄUSERMANN: *Equation of state of magnetite and its high-pressure modification: Thermodynamics of the Fe-O system at high pressure.*
American Mineralogist, 85:514–523, 2000.

[70] REICHMANN, H.J. und S.D. JACOBSEN: *High-pressure elasticity of a natural magnetite crystal.*
American Mineralogist, 89:1061–1066, 2004.

[71] LI, Z. und E. S. FISHER: *Single crystal elastic constants of zinc ferrite ($ZnFe_2O_4$).*
Journal of Materials Science Letters, 9:759–760, 1990.

[72] REICHMANN, H.J.
persönliche Mitteilung, 2009.

[73] LEVY, D., A. PAVESE, A. SANI und V. PISCHEDDA: *Structure and Compressibility of synthetic $ZnAl_2O_4$ (gahnite) under high-pressure conditions, from synchrotron X-ray powder diffraction.*
Physics and Chemistry of Minerals, 28:612–618, 2001.

[74] WEIDNER, D. J., H. SAWAMOTO, S. SASAKI und M. KUMAZAWA: *Single crystal elastic properties of the spinel phase of Mg_2SiO_4.*
Journal of Geophysical Research, 89:7852–7860, 1984.

[75] YONEDA, A.: *Pressure derivatives of elastic constants of single crystal MgO and $MgAl_2O_4$.*
Journal of Physics of the Earth, 38:19–55, 1990.

[76] WANG, H. und G. SIMMONS: *Elasticity of Some Mantle Crystal Structures 1. Pleonaste and Hercynite Spinel.*
Journal of Geophysical Research, 77:4379–4392, 1972.

[77] HAZEN, R. M.: *Comparative Compressibilities of Silicate Spinels: Anomalous Behaviour of $(Mg,Fe)_2SiO_4$.*
Science, 259:206–209, 1993.

[78] BASS, J. D., D. J. WEIDNER, N. HAMAYA, M. OZIMA und S. AKIMOTO: *Elasticity of the Olivine and Spinel Polymorphs of Ni_2SiO_4.*
Physics and Chemistry of Minerals, 10:261–272, 1984.

[79] HEARMON, H. R. S.: *The elastic constants of crystals and other anisotropic materials.*
In: HELLWEGE, K. H. und A. M. HELLWEGE (Herausgeber): *Landolt-Bernstein Tables III/18*, Seite 559. Springer Verlag, Berlin, 1984.

[80] LEVY, D., V. DIELLA, A. PAVESE, M. DAPIAGGI und A. SANI: *P-V equation of State, thermal expansion and P-T stability of synthetic zincochromite ($ZnCr_2O_4$ spinel).*
American Mineralogist, 90:1157–1162, 2005.

[81] BIRCH, F.: *Composition of the Earth's mantle.*
Geophysical Journal, 4:295–311, 1961.

[82] BIRCH, F.: *The velocity of compressional waves in rocks to 10 kilobars.*
Journal of Geophysical Research, 66:2199–2224, 1961.

[83] MCQUEEN, R. G., J. N. FRITZ und S.P. MARSH: *On the composition of the Earth's interior.*
Journal of Geophysical Research, 69:2947–2965, 1964.

[84] WANG, C.-Y.: *Equation of state of periclase and Birch's Relationship between Velocity and Density.*
Nature, 218:74–76, 1968.

[85] LEVY, D., M. DAPIAGGI und G. ARTIOLI: *The effect of oxidation and reduction on thermal expansion of magnetite from 298 to 1173 K at different vacuum conditions.*
Journal of Solid State Chemistry, 177:1713–1716, 2004.

[86] FEI, Y.: *Thermal Expansion.*
In: AHRENS, T. J. (Herausgeber): *Mineral Physics & Crystallography: A Handbook of Physical Constants*, Seiten 29–44. American Geophysical Union, Washington, 1995.

[87] ŠEPLÁK, V., L. WILDE, U. STEINIKE und K. D. BECKER: *Thermal stability of the non-equilibrium cation distribution in nanocrystalline high-energy milled spinel ferrite.*
Material Science and Engeneering A, 375-377:865–868, 2004.

[88] SINGH, H. P., G. SIMMONS und P. F. MCFARLIN: *Thermal expansion of Natural Spinel, Ferroan Gahnite, Magnesiochromite and Synthetic Spinel.*
Acta Crystallographica A, 31:820–822, 1975.

[89] RUBIE, D.C.: *Characterising the sample environment in multianvil high-pressure experiments.*
Phase Transitions, 68:431–451, 1999.

[90] SCHILLING, F. R. und B. WUNDER: *Temperature distribution in piston-cylinder assemblies: Numerical simulations and laboratory experiments.*
European Journal of Mineralogy, 16:7–14, 2004.

[91] SCHULT, A.: *Effect of Pressure on the Curie Temperature of Titanomagnetites [(1-x) · Fe_3O_{4-x} · $TiFe_2O_4$].*
Earth and Planetary Science Letters, 10:81–86, 1970.

A. Verwendete Symbole

verwendete Symbole in dieser Arbeit

Symbol	Erklärung
α	Thermischer Ausdehnungskoeffizient
β	Streuwinkel der Brillouin-Streuung
γ_{th}	thermischer Grüneisenparameter
ϵ_{kl}	Verzerrungstensor
ϵ_{ij}	Eulersche finite Verzerrung
ϵ	Ausdehnung
θ	Beugungswinkel bei Röntgenbeugungsexperimenten
θ_D	Debye-Temperatur
λ	Wellenlänge des Lichts
λ_L	Wellenlänge des Lasers für Brillouin-Experimente
λ_0	Wellenlänge der Rubin R_1-Fluoreszenzlinie bei Nulldruck
ν	Poissonzahl
ν_S	Geschwindigkeit der akustischen Phononen
ϕ	Reflexprofil-Funktion
ρ	Dichte
σ_{ij}	Spannungstensor
ω	Kreisfrequenz des Lichts
ω_0	Kreisfrequenz des Lichts im Vakuum
ω_s	Kreisfrequenz des gebeugten Lichts
a	Fläche
A	Absorptionsfaktor
c	Lichtgeschwindigkeit
Ch	Kanalnummer
C_{ijkl}	Elastizitätstensor
C_p	isobare Wärmekapazität
C_V	isochore Wärmekapazität
d	Netzebenenabstand im Kristallgitter
Fortsetzung auf nächster Seite	

A. Verwendete Symbole

verwendete Symbole in dieser Arbeit *(Fortsetzung)*

Symbol	Erklärung
E	Energie
E_d	Gitterenergie
E_H	freie Helmholtz-Energie
E_{Git}	Energie der Gitterschwingungen
E_{hkl}	Peak-Energie
f	Kompression
F	Kraft
F_k	Strukturfaktor für den $k$ten Braggreflex
G	Schermodul
h	planksches Wirkungsquantum
I_k	Bragg-Intensität
k	Miller-Indizes $h\ k\ l$
k_i	Wellenvektor des einfallenden Lichts
k_s	Wellenvektor des gebeugten Lichts
K	Kompressionsmodul
K_0	Kompressionsmodul bei Nulldruck
K_{abs0}	Kompressionsmodul bei $T = 0\,\mathrm{K}$
K_S	adiabatisches Kompressionsmodul
K_T	isothermes Kompressionsmodul
K'	Ableitung des Kompressionsmoduls nach dem Druck
KZ	Koordinationszahl
L_k	Lorentz- Polarisations- und Multiplizitätsfaktoren
m	Steigung
M	Molmasse
n	optischer Brechungsindex
N	Teilchenanzahl
N_A	Avogadro-Konstante
P_k	Funktion für bevorzugte Orientierung
p	Druck
Fortsetzung auf nächster Seite	

A. Verwendete Symbole

verwendete Symbole in dieser Arbeit *(Fortsetzung)*

Symbol	Erklärung
q	Wellenvektor eines Phonons
r_e	Gleichgewichtsabstand zwischen zwei Atomen bei $T = 0\,\text{K}$
r_T	Gleichgewichtsabstand zwischen zwei Atomen bei $T > 0\,\text{K}$
R	universelle Gaskonstante
s	Skalierungsfaktor
S_y	Residuumfaktor der Rietveld-Verfeinerung
T	Temperatur
T_C	Curie-Temperatur
T_P	Temperatur des Phasenübergangs
T_R	Referenztemperatur
u	Anionenparameter
v_p	Geschwindigkeit der Kompressionswellen
v_ϕ	Geschwindigkeit der Scherwellen
v_s	Geschwindigkeit der Masseschallwellen
v_w	Wellengeschwindigkeit
V	Volumen
V_0	Volumen bei Nulldruck
V_{abs0}	Volumen bei $T = 0\,\text{K}$
V_{T_R}	Volumen bei einer Referenztemperatur
w	Wellennormale
$y_b i$	Hintergrundntensität
$y_c i$	berechnete Intensität
y_i	beobachtete Intensität
Z	Anzahl der formeleinheiten pro Elementarzelle
z	Teilchenverschiebung

I want morebooks!

Buy your books fast and straightforward online - at one of world's fastest growing online book stores! Environmentally sound due to Print-on-Demand technologies.

Buy your books online at
www.morebooks.shop

Kaufen Sie Ihre Bücher schnell und unkompliziert online – auf einer der am schnellsten wachsenden Buchhandelsplattformen weltweit! Dank Print-On-Demand umwelt- und ressourcenschonend produziert.

Bücher schneller online kaufen
www.morebooks.shop

KS OmniScriptum Publishing
Brivibas gatve 197
LV-1039 Riga, Latvia
Telefax: +371 686 204 55

info@omniscriptum.com
www.omniscriptum.com

Printed by Books on Demand GmbH, Norderstedt / Germany